レア パフューム
フォトグラフィー
21世紀の香水

サビーヌ・シャベール　ローランス・フェラ

島崎直樹 監修　加藤晶 訳

原書房

本書が目指すのは網羅的な記述ではなく、市場、提供される商品、消費者の要望の進化をたどり、調香師という専門職への見方が変わった様々な要因を明らかにすることである。ここに選ばれたブランドは、最新の動向を代表する例であり、香水の伝統に大きく貢献している。

レア パフュームを自由に操る職人、サンドリーヌ・ヴィドーへ

〈注〉＊ 本書内では、マスターパフューマー、パフューマーを「調香師」として表記を統一している。
　　　　専属調香師、主任調香師は、本書の内容に添って表記している。
　　＊ ボトル、瓶は、ほぼ同じ意味で使っている。
　　＊ 人名には「・ ナカグロ」を入れて表記しているが、製品名、地名などのアルファベットの区切りには、
　　　スペースを使っている。
　　＊ 日本語版編集に際して、日本で販売されている香水名、製品名は、その表記に準じている。また
　　　記述に変更点が生じている場合は、ブランドからご提供いただいた最新情報に準じている。その
　　　中で未発売の製品については「＊」をつけ、ページ末に ＊）日本未発売　と記している。
　　＊ 日本で販売されていないブランドについては、インターネットでの問い合わせや購入のための情報を、
　　　巻末「ブランド ブティック」に、主に URL で掲載している。

オスモテック──香水の殿堂

　香水は、人間の手による最ももろく、はかない創作物である。かつて人々が愛用し、身にまとっていた香水が今はもう販売されていない。それをよみがえらせようという、単純だが素晴らしい構想のもとに創設された施設が「オスモテック」である。オスモテック（ギリシャ語で「におい」を意味する「オスメ」と「保管庫」を意味する「ティキ」に由来する）では現存する香水を収集、目録化するとともに、一度はこの世から消えてしまった香水をも、可能な限りその製造法を探し出し、再現している。
　オスモテックは、公式には1990年4月26日にヴェルサイユに開設された非営利目的の、香水と香りの記憶に特化した世界でも希有な施設である。
　この特別な施設は、設立当初から探究心に富む専門家だけでなく、一般の来館者にも開かれ、心惹かれる香りに巡り合ったり、大好きだった香水にも再会できる場である。まさに香りが呼び覚ます感情の神殿と呼べるだろう。
　香りの資料保管庫というコンセプトは、オスモテック以前にもあったが、香りの"アーカイブ"はこれが世界初になる。この構想は気骨あるオスモテックの創始者で調香師ジャン・ケルレオと、共同設立者の3団体、フランス調香師協会（SFP）、フランス美容企業連合会（FEBEA）、ヴェルサイユ市・ヴァル＝ドワーズ県・イヴリーヌ県商工会議所（CCIV）の尽力で実現した。ヴェルサイユに建つ保管庫には、市場から消えた400種類以上を含む3000種類に及ぶ香水が集められており、香りのアーカイブの中心になっているのは、19世紀末から20世紀前半に焦点をあてた収蔵品だ。さらに現代の香水や、すでに製造が中止されて手に入らないものも多い、20世紀後半の香水も日々加えられている。このコレクションは、ごくわずかな香料の調合物が最初に登場してから今日までの、

香水産業の一大叙事詩をたどっているといえよう。

　オスモテックは香水業界全体が相続する財産であると同時に、"嗅覚の知識"を伝える使命を設立当初から担い、教育プログラムも提供している。たとえていうなら、決して終わらない巨大な書籍のようなもの。各ページにはこの世に存在するすべての香水とボトルのひとつひとつが記され、社会史の節目節目には、香りにまつわる様々な出来事が刻まれてきた経緯を教えてくれる。講座にはあらゆる年齢層の専門家や愛好家など幅広い人々が集まり、名香の多様な側面を熱心に学んでいる。近隣にある香水・化粧品・食品香料国際高等学院(ISIPCA)[*1]からは、香水の専門家を目指す学生らが訪れ、教育プログラムを手伝って仕事の"コツを覚え"ようと情熱を燃やしている。

　オスモテックは才能を継承する宝庫でもある。ここに保管されている香りを創作してきた調香師は、長い間その名を知られずにいた。時代が変わった今、ついに彼らはすぐれた芸術家として姿を現した。過去の専門家を調査したいときには、たとえ作品が高く評価されながらも無名の人物だとしても、オスモテックにやって来れば必ず資料が見つかり役立つに違いない。また、オスモテックの貴重なコレクションに触れることで、優れた調香師らの地位と仕事がどのように進化してきたかを学ぶこともできる。それこそが、オスモテック後援によるこの2冊目の本を世に送り出す理由なのである（1冊目のアニック・ル・ゲレ著『*Si le parfum m'était conté…*』[*2]では、香りをマイクロカプセル化した印刷技術を活用して、12の優れた香水を紹介）。過去20年間、香水の世界では従来とは異なる製造方法を模索する新しいブランドが次々と登場し、調香師という職業は大きな転換期を迎えた。そんななかで調香師の仕事に迫る本書が出版されるのは、まさに時宜を得ているといえよう。

　この"従来とは異なる香水作り"は、国際的な大企業に牽引されている香水市場を

[*1] ISIPCA, 34/36 Rue du Parc de Clagny, 78000, Versailles, France, www.isipca.fr
[*2] Annick Le Guerer, *Si le parfum m' était conté…*（もしも香水が話したなら…）, Les éditions du Garde-Temps, 2009

揺るがし、香水の創作にとって大きな恩恵をもたらしている。この改革を目の当たりにしたオスモテックは、ようやく香水作りを文化の領域に組み込むことができたことを誇りに思う。そう、香水は芸術作品なのである。

　高額の退職金や手当を受け取ることもなく、果敢に自らのブランドを立ち上げた人々や、彼らの製品を販売した勇気ある販売代理店、レア パフュームを最初から支持していたブロガーや愛好家、ジャーナリストなど、香水業界を大きく改善する素晴らしい仕事にたずさわった人々に敬意を表したい。

　香りを作る人もいれば、それに光をあてる術を知っている人もいる。私はそうしたなかで2人の情熱あるジャーナリストに本書の執筆を託した。サビーヌ・シャベールとローランス・フェラは、「香りを生み出す」という私たちの仕事について、2人がもつ知識と熱意のすべてを本書に注ぎ込んでくれた。未来の"香水文化館"を唱道するオスモテックは、魔法のような、そして限りなく神秘的な、第五感の世界へと読者をいざなう。なにものにも縛られることなく。

パトリシア・ド・ニコライ　Patricia de Nicolaï
オスモテック代表、調香師
President of the Osmothèque,
Master Perfumer (Parfums Nicolaï)

美しき逸脱

　20世紀中頃、香水業界の将来は希望に満ちていた。ところが市場はたった20〜30年間で誰も予測しなかったほど巨大化し、今ではその大部分の利益を、大規模なラグジュアリーグループやセミラグジュアリーグループが占めている（"大量消費市場"と"名声"を縮めて"マスティージ"と呼ばれている）。

　香水という"商品"を身につける者は誰でも、香水が瓶の底をつくまでは夢を現実のものとし、1オンスのブランド名とデザイナーの断片を自分のものにしてまとい、理想像を香りで表明することができる。われ香る、ゆえにわれ在り。そして、香水市場の急激な拡大に伴って自らの立場を確立したのが、調香師という職業なのだ。

　1970〜80年代にかけて、各ブランドは国際戦略を打ち出した。大グループは全大陸に計画的に子会社を設立するか、少なくともエージェントや販売代理店に広告や販売を委託して、主要な市場で存在をアピールしていた。華々しい発売記念イベントが世間にインパクトを与え、事情通の間では広告キャンペーンにかけられた天文学的な金額がささやかれた。新作香水への投資には、最初から成功を約束されているか、近い将来の成功が見込まれていた。金銭的な圧力は、創造性の本質をがらりと変えてしまった。すぐに手に入れられるカルチャーがもてはやされ、香水はロサンゼルスからウラジオストクまで、可能な限りたくさんの人々を喜ばせるものであることが求められた。経済的に台頭しつつあった新興地域に対しては、甘い香りで巧みに人々を魅了し、香水を売り込まなくてはならなかった。

　この時期は模倣が横行する"努力なき発想"の時代でもあった。調香の処方はまるで伏せたカードをあてるカードゲームのように適当に決められ、あらゆる香水がバニラ

ノートで甘くなった。アメリカの美学を破壊する威力をもつ"ランボー"のような香水の数々も例外ではなかった。マーケティング活動は最高潮に達し、コンサルタント業も大盛況だった。香水のトレンドを扱う書籍がヒットし、創造性をむしばみ始めた。調香の処方は切り捨てられ、競争はさらに激化し、人々は風刺画のように類型化された。調香素材のパレットは合理化され、万人が好みそうな魔法の香水がビーカーのなかで模索された。しかし、1990年代初頭になると、ついに「『こんな状況に飽きあきした』という声が、消費者の側から上がるようになった」と、パトリシア・ド・ニコライは語る。ヴェルサイユの香水アーカイブであるオスモテックの代表で、自らの名を冠した香水ブランドの創設者でもある調香師のニコライによると、この頃「消費者は、単純化しすぎたマーケティングによって身動きがとれなくなった主要ブランドの一方的なやり方を逃れたところに、創造性を期待するようになった」のだという。

　この状況に終止符を打つと同時に、明るい兆しをもたらしたのは、今も変わらず「シーケー ワン」と呼ばれている香水である。まるで幹細胞のように"未分化"の香りのするこの香水は、何が自分の"好みの香り"かまだわからないというすべての男の子・女の子向けであり、シンプルなスクリューキャップのボトルに入った、ハリー・フレモンとアルベルト・モリヤスが生み出したシトラスとアロマティックな香りの融合は、そんな男女からの支持を得ている。1994年、シーケー ワンはそれまで地中海の国々に特有だったシトラスノートで、特にアメリカでの香水の消費を呼び覚ました。新しい世界を制するには、まず、コロンではなく純粋なパルファンで、爽やかな、誰からも好まれる、まるで香水の新時代が改めて書き記されるための、真っ白なページのような香水が必要だったわけだ。やがて、世紀末になると、世界各地で香りに対する新たな関心が生まれた。すでに独立系香水メーカーや、よりクリエイティブで原料にこだわった、従来とは異なる香水を欲する熱心な企業家による新しいブランドが登場しており、21世紀が近づくにつれその数は増えていった。いわゆる"ニッチ"な香水が急激に広がったのだ。1970年代から、商業的でない香水、クラシックで安心感のある、時代を超越した"ベーシック"な香りを作ってきた企業もあるが、その顧客は主に信念ある愛好家らだった。

一方、現在のレア パフュームは若者に向けて作られている。その多くはプロの鑑定家ではなく、好奇心旺盛な消費者である。香りで意思表示をしたいと考える彼らが求めているのは、意外性があり、"ほかとは違う" 香りである。

　この変化は、仕事のあり方に不満を抱いていた調香師らにとっても素晴らしい機会となった。企業に雇用されているために芸術性を十分に発揮できずにいた彼らは、挑戦を受けて立ち、独立し、グローバル化にがんじがらめになったマーケティング関係者の望むものとはまったく違う香りを、自らの名前で提案する絶好のチャンスを得たのである。彼らは自由とは何かを再定義し、流行にとらわれず、自らの着想に身を任せることができるようになった。マスメディアもこの潮流をよく理解し、"主流の" 香水ばかりにページを割いていた雑誌も、つい最近まであまり知られていなかった香水業界の裏側を広く伝え、その傾向や精神、香水というアートの現状を記録するようになった。今日ではおびただしい数のブロガー、調香処方のマニア、嗅覚に関するあらゆる情報をデジタル技術でつなごうと呼びかける人々が、調香師らの調香パレットを細かく分析し、彼らの作り出す香りの構造に光をあてたり、時には笑いものにしたりして、自由な立場で批評を繰り広げている。

　今や大手香水メーカーのなかにも、想像力に限界を設けないことを重視し、自社の調香師に副業やフリーランスとして活動する自由を与えているところもある。親会社から技術的、実務的な支援を得てプロジェクトを実現させているケースもよく見られる。

　1990年代以降、香水の販売網も改革を繰り返してきた。全国規模および国際的な販売店が次々と開業し、地元の小さな香水店の多くが閉店してきたが、当然ながら上述したような大胆な表現方法は大規模チェーンの販売網には定着しなかった。そんななかで、香水への情熱にあふれる小規模販売店は、香水の魅力を伝える立役者となった。大規模チェーンに特定の顧客層がいるように、レア パフュームを求める顧客層もいる。そうした人々に向けて、多様な個性をもった注目すべき販売店や独立系の店が、フランス各地、そして世界中で立ち上がった。店の設立者やスタッフはニッチブランドへの尽きることのない情熱に導かれて仕事と向き合い、香りを選定し、ひいては市場

に新しいエネルギー、ひらめき、質の向上をもたらしている。現在ではこうした販売店はいずれも、地域や目的の異なる国際展示会に参加している。3月にミラノで開催される「エクサンス Esxence」はブランドとしての存在を示す場となっている。9月にフィレンツェで開催される「ピッティ フレグランツェ Pitti Fragranze」は販売代理店向けの展示会。そしてブランドとして登場することが欠かせないのが、10月初頭にニューヨークで開催される「エレメンツ ショーケース Elements Showcase」だ。

　さらに、巨大ブランドもニッチなレア パフューム群から刺激を受け、ここ数年は"高級品（エクスクルーシヴ）"や"コレクション"を発売し、"ヴィンテージ"香水を復活させることもある。新作香水を発表する際も質が高く、希少（レア）なものにこだわる。各ブランドの専属調香師らにとっての"秘密の花園"ともいえる豪華なコレクションも作られるようになった。フランスの高級デザイナー店でも従来とは異なる新しいラインの商品を製造販売し、いくつかの有名百貨店（デパート）でもこうした様々な製品、美しき"逸脱者"を集めて販売している。

サビーヌ・シャベール　Sabine Chabbert
ローランス・フェラ　　Laurence Férat

目　次

オスモテック──香水の殿堂　　　　　　　　5
美しき逸脱　　　　　　　　　　　　　　　8

先駆者

　アニック グタール　　　　　　　　　　16
　ラルチザン パフューム　　　　　　　　20
　コム デ ギャルソン　　　　　　　　　　24
　クリード　　　　　　　　　　　　　　　28
　ディプティック　　　　　　　　　　　　30
　メートル パフュメール エ ガンティエ　34
　ニコライ　　　　　　　　　　　　　　　36
　セルジュ ルタンス　　　　　　　　　　40

ニュー ウエーブ

　アトリエ コロン　　　　　　　　　　　46
　フレデリック マル　　　　　　　　　　48
　エタ リーブル ドランジュ　　　　　　52
　キリアン　　　　　　　　　　　　　　54
　ルラボ　　　　　　　　　　　　　　　56
　メゾン マルジェラ　　　　　　　　　　58
　マーク バクストン　　　　　　　　　　60
　メモ　　　　　　　　　　　　　　　　62
　オルファクティヴ スタジオ　　　　　　64
　パルフュムリ ジェネラール　　　　　　66
　パルファン ダンピール　　　　　　　　68
　ザ ディファレント カンパニー　　　　70

世界の都市から

ボンド・ナンバーナイン	74
フローリス	76
フミエッキ＆グレーフ	78
レネ	80
ペンハリガン	82
サンタ マリア ノヴェッラ	84
イタリアの香水	86

プロフム ローマ／ロレンツォ ヴィロレージ／
カルトゥージア／エトロ／コスチューム ナショナル

スペシャル コレクションとヴィンテージ

アルマーニ	92
キャロン	94
カルティエ	96
シャネル	98
ディオール	100
フラゴナール	102
ゲラン	104
エルメス	106
ジャン パトゥ	108
パルファンドルセー	110
ロベール ピゲ	112
プラダ	114
トム フォード	116
ヴァン クリーフ＆アーペル	118

レーベルと販売店

ル ボン マルシェ	122
コレット	124
ディフェラント ラティテュード	126
フランソワ・エナン	130
プランタン パリ ── ラ ベル パルフュムリ	134
マリー・アントワネット	138
ノーズ	140

関連情報

ブランドブティック	142
フランス各地の注目すべき専門店	144
世界の注目すべき専門店	146
フレグランスフェア（展示会）	146
ブログと嗅覚についてのフォーラム	147
香りの言葉、お薦めの本	147
オスモテック　世界唯一の香水資料保管庫	148
協賛企業、団体	150
訳者あとがき	152
監修者あとがき	153
謝辞、写真クレジット	154

先駆者

伝統にとらわれない香水が、1960年代中頃から登場した。その流れに勢いをつけたのは、昔から展開していたものの、香水業界には参入していなかったブランドの数々だ。こうしたブランドに共通していたのは、消費者一人一人に合った品質の高い商品を届けたいという願いである。これらの香水が登場し始めた時分は、まだ古典的な手法で作られていたが、1990年代に入ると、より前衛的になり始めた。

先駆者

Annick Goutal アニック グタール
音楽に秘める香り

　アニック グタールの雰囲気を定義するとしたら？　それはアメリカの女性が憧れる「エフォートレス スタイル」に似た、生まれながらの上品さといえよう。根底にはアニック・グタールが幼い頃に長い散歩をしたプロヴァンスの低木地帯のにおいや、子守唄代わりに聞いたピアノ協奏曲の記憶がある。音楽に優れていたアニックは、16歳のときヴェルサイユ音楽院でピアノの最優秀賞を獲得、その後ロンドンでモデルの道へ進んだ。1980年代初頭、30歳になるとパリに戻り、友人のハンドメイド美容クリームの開発を手伝った。

　当時フレグランス化粧品を担当したアニックは、香水と音楽の共感覚に悩まされていた。ノート（香り、音符）、ハーモニー（香りの調和、音楽の和声）、コンポジション（調香、作曲）という音楽と香水における用語の共通性が原因だった。彼女はピアノと同じ熱意で調香の世界に身を投じ、グラースの香料会社ロベルテで調香師としての基礎を学ぶ。

　1981年初め、アニックはパリのベルシャス通りに最初の店をオープンさせた。これがフレグランスメゾン「アニック グタール」のはじまりとなる。親密な雰囲気のなかで、「オー

Boutique Saint-Sulpice
サン シュルピス店
改装されたウィンドウに新しいボトルとパッケージが飾られている。

Annick Goutal
アニック・グタール
アニック・グタールの精神がメゾンを見守っている。娘のカミーユ・グタール（右）と調香師イザベル・ドワイヤンは現在も香水作りを指揮している。

ダドリアン」は誕生した。マルグリット・ユルスナールの小説『ハドリアヌス帝の回想』の主人公と、アニックが特別な愛着をもつイタリアに捧げられた香水である。シチリア産レモンなど最高級の素材を組み合わせたこの作品は瞬く間に世界で成功を収め、アニックのトレードマークとなった。美しい自然への情熱と、さりげなさと上品さが完璧なハーモニーを奏でる香水。ほのかな存在感の残り香は、主張しすぎることなくすれ違う人の心をとらえる。それから5年間に、アニックには調香の師であるロベルテのアンリ・ソルサナの協力を得て、「グランダムール」「サーブル」「スワワール ウジャメ」「プチシェリー」など13種類の香りを生み出した。

　ボトル（瓶）とパッケージにも細やかな気配りと工夫が施されている。丸ひだの装飾は洋服のプリーツを取り入れたもので、「バタフライボトル」は、アニックがロンドンの骨董店で見つけたボトルをもとに作られた。

　ゴールドで刻まれた文字、栓に封をするゴールドのリボン……繊細なスタイルは、1980年代に有名ブランドの名前を冠した香水が派手派手しく売り出されていたのとは対照的に、調香師のデリケートな女性らしさと、非の打ちどころのない美学を余すところなく表している。グタールのDNAにはクリエイティブな資質が織り込まれていたのかも

先駆者

しれない。7人の兄弟姉妹の1人、マリー゠フランス・コーエンは、まず子供服ブランドの「ボンポワン」を設立し、最近ではパリでフェアトレードのコンセプトストア「メルシー」をオープンして大きな成功を収めている。

　メゾン設立当初から、当時はあまり注目されなかったフレグランスキャンドルの製品ラインも開発した。年末のホリデーシーズンには、美しいゴールドの模様を施したバカラのガラス容器の大型のキャンドルを発売し、コレクターを喜ばせている。

　1985年、テタンジェ グループとのパートナーシップにより、アニック グタール ブランドは国際舞台へと躍り出た。アメリカではスターたちが、フランスの生活様式を体現した「オーダドリアン」で身を包もうと百貨店に押しかけた。同年、アニックは調香の師イザベル・ドワイヤンとのコラボを開始し、美しい素材や詩を愛する心に従って香水を創作した。腕一杯に白い花を抱えた香りのクラシックな「グランダムール」(1997)、ジューシーな梨の香りがグルマン系香水の先駆けとなり、同時代に多くのフルーティ香水が生まれるきっかけを作った「プチシェリー」(1998) などである。

　1999年、アニック・グタールは53歳でこの世を去った。当時24歳だった娘のカミー

Eau d'Hadrien オーダドリアン
トスカーナの風景に着想を得たユニバーサルな香水「オーダドリアン」には、アニック・グタールのイタリアへの愛が込められている。地中海の太陽のもとで熟したシトラスの濃密な香りを、サイプレスが引き立てる。このベストセラーは、有名なラグジュアリーホテルのアメニティとしても使われている。

Petite Chérie プチシェリー
アニック・グタールが、娘カミーユのために作った「プチシェリー」は、優しい梨のフルーティノートにムスクローズをまとわせた、グルマン系香水の先駆的存在。

Ninfeo Mio ニンフェオミオ
ローマ近郊のイタリア庭園「ニンファ」の陽気でみずみずしい雰囲気をイメージした香水。ヘスペリデスの園を思わせるシトラスと、優しく抱きしめるようなウッディフィグ（イチジク）のグリーンノートが豊かに香る。

Un Matin d'Orage
アン マタン ドラージュ
嵐の朝、霧に包まれた日本庭園に香り立つクチナシの花を再現した鮮やかな香水。ホワイトフラワーを基調とし、爽やかな青シソと、魅惑的なジャスミンの香りを組み合わせた。

　ユは、母の掲げた灯を絶やすまいと写真への情熱を捨てて、現在は母の誠実な協力者であったイザベル・ドワイヤンとともに調香の道を歩んでいる。フレッシュフローラルの「アン マタン ドラージュ」(2009) やウッディ シトラスの「ニュイ エトワーレ」(2012) など詩的な名前を冠した香りには気品と素材の上質さが変わらずに受け継がれている。

　アニック グタールは 2011 年 8 月に韓国のアモーレパシフィック グループに買収されたが、引き続きカミーユ・グタールは映像から、イザベル・ドワイヤンは詩と芸術から、それぞれ着想を得て活動している。2013 年、同社は世界各地の 12 店舗の建築デザインを見直すゆるやかな改革を実施し、パリのサン シュルピス広場の店では壁をすっきりした白に替え、店を見守るようにアニック・グタールの写真を飾った。以来、「フェミナン」は白、「ソリフローレ」はピンク、「マスキュラン」はブラウンベージュ、「メゾン フレグランス」は薄いグレー、自社ブランドの 3 種のオードトワレから着想を得た「ネロリ」「ベチバー」「オーダドリアン」の新しいオーデコロン 3 種はやわらかいグリーンと、コレクションごとに色を揃えている。

　また 2013 年にはニューヨークに初めての店舗がオープン。日本と同様「オーダドリアン」と「プチシェリー」がブランドのベストセラーであり続けることが期待されている。

先駆者

The Grande Boutique
グランド ブティック
ルーヴル美術館とセーヌ川の間に位置し、香水愛好家を迎えている。香水ワークショップも開催。

L'Artisan Parfumeur ラルチザン パフューム
自然のままに生きる

　20世紀の美容・香水業界の先駆者で型破りの人物といえば、ジャン・ラポルトだろう。優れた化学技術者だった彼は、1972年に友人のローラン・ドゥ・サン・ヴァンサンとともにシスレーを立ち上げ、1976年に同社をドルナノ家に売却。同年、伝統的な商品と新たな香水の共存は可能だという不屈の信念から、ラルチザン パフュームを設立した。彼のいう"新たな香水"とは、自然から強い着想を受け、エレガントなシンプルさをもち、最高級の原料を使い、新しい嗅覚の道を切り開くという志を矜持とする、そんな香水である。1970年代はまさにその実現に適した時代だった。ドレッドヘアが広まり、花柄のシャツが流行したこの時代、香水は香水専門店や高級ファッション店にしかないものだという古くからの固定観念が失われつつあった。ニッチな香水の扉を大きく開け放ったジャン＝フランソワ・ラポルトには、いくつかの明確な原則がある。香水の名前に素材名を入れること（バニラ、ベチバー、チュベローズ、アンバーなど）。販売店のネットワークを通じて販売網を統合すること。設立当初からブランドの顔となったアンブルボールのようなホームフレグランスを開発すること、など。

　ラルチザン パフュームの香水は、金に塗装された7面のザマック合金のキャップがつ

Séville à l'Aube
セヴィーヤ ローヴ

ジャーナリスト兼ブロガーのデニス・ボーリューの回想に着想を得て、調香師のベルトラン・ドゥショフールが生み出した、セヴィリアの夜明けという名の香水。ボーリューの著書『The Perfume Lover』(HarperCollins,2012;Penguin,2013) で描かれた官能的な思い出が、香水として再現された。

La Chasse aux Papillons
シャッセ オ パピオン

蝶々を追いかけて、あるいは庭の散策。チュベローズ、レモン、オレンジの木に満開の花が咲いている。田舎と花を愛する調香師のアン・フリッポに、たびたびフローラル系香水のプロジェクトが委託されたのもうなずける。「シャッセ オ パピオン」は自然を最も美しい姿で現した作品。

La Boule d'Ambre ブールダンブル／アンブルボール　透かし彫りで装飾された豪華なテラコッタ製のボールは、フランスの家族企業によるハンドメイドで、アンバーの固形香料が入れられている。官能的なアンバーの香りはファンにとって垂涎の一品。

いた7面のボトルに入れられている。デザインは控えめで上品だが、大胆さと豊かな想像力も感じられる。この二面性は今も昔もブランドの大きな魅力だ。1978年に同社が発売した製品は、香水業界を驚かす大ヒットとなった。「ミュール エ ムスク」は、あふれんばかりのムスクとブラックベリーのフルーティノートが融合した他に類をみない甘い香りで、今日にいたるまで香水の歴史で伝説となっている。これをまねようとする者はあとを断たないが、決して同じものはできず、男女を問わず魅了するこの香水は、今もベストセラーであり続けている。1978年にはもう1本ヒットが生まれている。ジャン=クロード・エレナが生み出した「ロー ダンブル」で、数年後には、この商品のエクストリームバージョンが発売されている。製品の品質は高く評価され、愛されていたにも関わらず、ジャン・ラポルトは株主に会社の売却を余儀なくされた。以降、経営陣はブランドの名前とコンセプトを強化し、販売店と香水の種類を増やしていった。それでもホームフレグランス、キャンドルはもちろん、藁で編まれた小さな袋に入ったアンバーのサシェ、そしてインク壺や、削りたての鉛筆、チャーム、キーホルダーなど懐かしい学生時代を思い出させる素晴らしい香りのオブジェに、ブランド設立当時の精神が息づいているといえ

先駆者

Explosions d'Emotions
エクススプロージョン デモーション

ブランドの香水を数多く生み出した調香師ベルトラン・ドゥショフールは「エクスプロージョンオブエモーション（感情の爆発）」というぴったりの名前を冠した新しいコレクションを調香した。「アムール ノクターン」「デリリア」「スキン オン スキン」の3種のオードパルファンは、成分と、感情と、人の肌のブレンドである。

よう。

　1990〜2004年にかけてマリー・デュモンが率い、パメラ・ロベールが創作を担当したチームは、素材と言葉を駆使して若者に香水の極意を授け、高齢層に対しては馴染みのある香りで安心感を与え、冒険心のある人々を個性と独創性あふれる香水で魅了した。「ボア ファリヌ」「メシャン ルー」「パッサージュ ダンフェ」「ティー フォー ツー」「シャッセ オ パピヨン」「ジング」「トラベルセ ドゥ ボスフォール」……ジャン＝クロード・エレナ、オリヴィア・ジャコベッティ、アン・フリッポ、ミッシェル・アルメラック、ベルトラン・ドゥショフールらの調香師は、各々の個性を打ち出しながら、創造性を発揮できるこのブランドのために喜んで才能を発揮した。彼らはこのフレグランスメゾンの独自の創造性の中に、他の主要ブランドもより広く活用できる手法を見出そうとしていた。1994年、オリヴィア・ジャコベッティが地中海のイチジクの木への賛辞をこめて作った「プルミエ フィグエ」は、果実の味と同じくらい濃厚な香りで、他社のマーケティング ディレクターがうらやむほどの成功を収めた。イチジクの木に宿るすべてが素晴らしく、グルマン系のみずみずしい果実の香り、青々とした葉を思わせる香り、そしてもちろんミルクのようなウッディノートもサンダルウッドとの調和のなかに感じられる。市場に初登場したこのイチジクの香りは、その後、多数の香水の着想の源になった。2003年、ラルチ

Bertrand Duchaufour
ベルトラン・ドゥショフール

ラルチザンパフューム創作の過程には、著名で才能あふれる調香師らの存在がある。ジャン=クロード・エレナ、カリーヌ・バンション、アン・フリッポ、ミッシェル・アルメラック、そして「プルミエフィグエ」「ジング」「パッサージュダンフェ」「ティーフォーツー」「フーアブサン」を生んだことで知られるオリヴィア・ジャコベッティ。ベルトラン・ドゥショフールは2008年にグランドブティックに加わり、特注の香水を開発している。

　ザン パフュームはパリのルーヴル美術館のそばに、ブランド旗艦店となるグランドブティックをオープンした。ここを訪れる香水通は、デザイナー・フレグランス・ディフューザーにいたるまで幅広い品揃えの面白さを発見するとともに、香水ワークショップに参加し、個別のサービスを受け、香水を特注することもできる。

　イギリスの香水ブランド、ペンハリガンも所有するアメリカのグループ、クレイドル ホールディングスに買収されて以降は、ベルトラン・ドゥショフールの助力を得て、2012年に「セヴィーヤ ローヴ（セヴィリアの夜明け）」を商品リストに加えた。ある女性ブロガーの書いた色あせない回想の美しい官能性に着想を得て生まれた香水だ。また原料へのこだわりと旅というテーマに加えて、調香師アン・フリッポは、オレンジフラワーやスイセンなど特定の素材を前面に出した限定販売の香水も開発した。練り香水、ボディクリーム、ソープ、シャワージェルなどのボディ製品はベストセラーとなった。多数の店舗が生まれ、百貨店の香水コーナーやライフスタイルショップで販売されるようになり、ますます国際的に存在感を増していくなかで、商品もサービスも進化した。堅固な基盤に築かれたこのブランドの果たすべき役割を言葉で表すなら、それは、香水を生活に取り入れる術をできるだけ多くの人に届けることだろう。

先駆者

Comme des Garçons コム デ ギャルソン
先駆者の原型

　服飾デザイナー川久保玲は、1980年に初めてパリのファッションショーに登場したときから注目を集めていた。縫い目がすべて表に出て、裁断もアンシンメトリーなデザインは、衣類の構造そのものに大きなインパクトを与え、女性のシルエットの捉え方を覆す新風を巻き起こした。川久保は1969年に東京でコム デ ギャルソンを立ち上げ、数年後、東京に初の店舗を、続けてパリに出店した。香水の新事業に着手したのは東京で、ギャラリー兼ブティックを訪れたある男性との会話からである。その人物とは香水会社モリナール、後にロシャスの総責任者となったクリスチャン・アストゥグヴィエイユで、2人のアーティストはすぐに意気投合した。川久保はアストゥグヴィエイユのロープを使った彫像と家具を気に入り、アストゥグヴィエイユは川久保のデザインする服とその着心地の良さに惹かれた。2人がアートと素材について語り合うと、話題はおのずと香水へと移り、互いに興味をかき立てられ夢中になっていた。こうしてアイディアが生まれ、1991年にエイドリアン・ジョフィと川久保玲によってコム デ ギャルソンの香水会社が設立された。総指揮はアストゥグヴィエイユに委ねられた。3人には共通のポリシーがあっ

Rei Kawakubo
川久保玲（左）は1980年にファッション界のルールを壊した。そして、香水ブランドを率いるクリスチャン・アストゥグヴィエイユ（右）とともに、香水の領域を広げた。

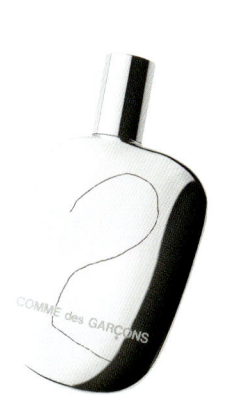 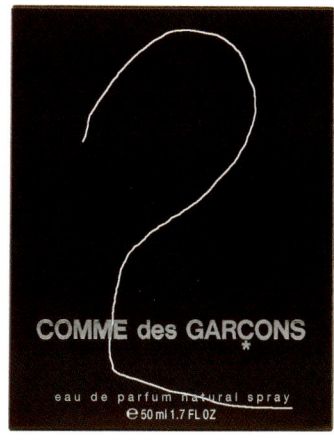  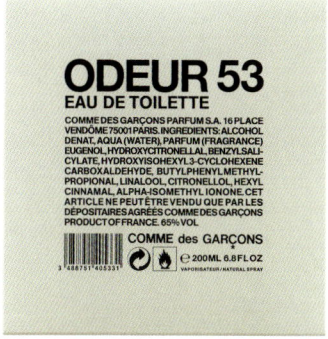

2 ツー
「オードパルファム」に続いて発売されたコムデギャルソンの2番目の香水。川久保玲が好むペブルボトルだが、銀に浸したような外観で、数字の2が走り書きされている。日本の書道の墨汁から着想を得た、アロマティックでウッディな香水。アルデハイドとシトラスノートとの組み合わせがコントラストを織りなしている。

Odeur 53 オドゥー53
上質な"アンチ香水"。完全なる抽象。53種類の素材。クリスチャン・アストゥグヴィエイユはこの香水の開発のなかに悦び、ユーモア、狂気を感じたと振り返る。彼はアンヌ＝ソフィー・シャピュイ、マルティヌ・パリックス（IFF）とともにこのオリジナル香水に取り組みながら、「美しすぎる！」という言葉を連発したという。この作品はブランドのベストセラーのひとつとなった。

た。それはユニセックスの香水であること。未知の香りであること。香水の原液（ジュース）は少人数のチームで45分で選ぶこと。目の肥えた玄人から強い共感を得た川久保の服のように、制約のないクリエイティブな香水を思い描くこと。最初の香水はとてもスパイシーな「オードパルファム」。調香師マーク・バクストン（当時H＆R、後にシムライズ）の手による美しい琥珀色の豊かで濃厚なウッディ オリエンタルノートの香水だった。

　シンプルな丸い石形（ペブル）のガラスで、寝かせた状態の"自立しない"香水瓶は川久保のデザインだ。大きな透明プラスティックバッグに真空パックにして販売されたペブルボトルは、ブランドのトレードマークとなった。1994年、自由な発想で作られた、従来とは異なる視覚的な香水が誕生する。これが先駆けとなり、まさに香水業界に革命が起ころうとしていた。このオードパルファムは世界中の香水店やブランド小売店、百貨店のコーナーで販売され、真空パックの状態で衣類のようにハンガーにぶら下げられている様子が大きな話題を呼んだ。続いて、前作をよりグリーンでフレッシュにした「オーデコロン」と、ウッディでスパイシーさはそのままに、白い花をたっぷりと加えた「ホワイト」が発売される。1998年はブランド史に刻まれる年となる。クリーニングの温風乾燥機、セルロイドニス、金属、焦げたゴムのにおいなど、"オーガニックでない"子供時代の記憶を抽象的に表した、53種の合成香料からなる"アンチパフューム"「オドゥー53」が発売された。2年後には、"オーバーヒート"をテーマに、日常生活を化学成分で再現し

先駆者

た香りと天然香料とを組み合わせた「オドゥー71」が登場。一日の終りのオフィスでのコピー機や熱い電球のにおいと、森や苔のにおい、グリーンノート、ホワイトペッパーがひとつになった香りを想像していただきたい。また2000年には同一テーマのミニコレクションからなる最初の"シリーズ"が導入された。アストゥグヴィエイユがこのシリーズで採用したのは、3種類の異なる形と様々な塗料を組みあわせた"薬瓶のような"ボトルだ。シリーズ1は「リーブス」――「リリー」「カラムス」「ティー」、シリーズ2は「レッド」――「カーネーション」「ハリッサ」「パリサンダー」「ローズ」「セコイア」。世界各地のお香の習慣に着想を得た2002年発表のシリーズ3「インセンス」は香水業界を驚かせた。「アヴィニオン」「キョウト」「ワルザザト」「ザゴルスク」「ジャイサルマー」はオリエンタル、ウッド、ウッディオリエンタルの豊かで奥深く、忘れられない刺激的な香り。シリーズ4「コロン」や、シナモン、ルバーブ、ペパーミントの爽やかさを再解釈したシリーズ5「シャーベット」など、比較的古典に忠実な試みが続いた。洋菓子への傾倒はコムデギャルソンチームの間でも大切なテーマで、シリーズ7「スウィート」は、すべてが「ベタベタするほど甘い」香りだ。しかし忘れられないのは、"社会的に不適切な"嗅覚体験をもたらした2004年発売の有名なシリーズ6「シンセティック」である。これはいわば嗅覚の"コース外滑走"。抽象的な物質を再解釈して見事に表現したため、共感を呼びつつも、人々の意識に強い衝撃を与えた。「オドゥー53、オドゥー71、ガレージ。

Incense and esperanto
インセンスとエスペラント

シリーズ3の5つの香り「アヴィニオン」「キョウト」「ワルザザト」「ザゴルスク」「ジャイサルマー」は、漆黒のボトル、キャンドル、そしてお香（インセンススティック）で展開している。お香の習慣というユニバーサルな言語をテーマにしたことにより、このシリーズは世界中でコムデギャルソン最大のヒットとなった。

Series 6 Synthetic
シリーズ 6 シンセティック
「ドライクリーン」はネイルポリッシュとサンダルウッドのお香という思いがけない組み合わせ、「タール」は都会的な炭化水素とベルガモット、「ガレージ」はウッディなベチバーと灯油のコンビネーション。香りの"コース外滑走"ともいえるこの製品は、普通とは違う考え方をもつ人々に受け入れられた。

この独創的な香水は、型にはまらないコム デ ギャルソン ブランドを支持する若者に受け入れられた」とアストゥグヴィエイユは話す。2006年にはブランドが期間限定で世界展開する店から命名した香水「ゲリラ1」「ゲリラ2」が登場。翌年、2種類のラグジュアリシリーズが発売される。「世界で一番美しい」と評される「パチュリ」も、フローラルの「チャンパカ」も、消費者を夢見心地にさせるような高価な香りを楽しんでもらうために、採算抜きで手頃なオードトワレとして売り出した。

　フレグランス商品リストには現在66種類があり、「8.8.8」(金の香り)、「2」「ワンダーウッド」「アメージング グリーン」「ブルーシリーズ」「ワンダーウッド」「フロリエンタル」など、スペイン財閥プーチがライセンスをもつ商品もある。2008年から香水愛好家とのコラボを開始し、アルテック（アルヴァ・アアルトのフィンランドブランド）、ダフネ・ギネス、スティーヴン・ジョーンズ（ロンドンの帽子デザイナー）、イギリス誌「モノクル」（調香師アントワーヌ・メゾンデュー）、服飾デザイナーの高橋盾、フセイン・チャラヤン（A・メゾンデュー）、サーペンタイン ギャラリー（エミリー・コッパーマン）、ファレル・ウィルアムスなどのカスタム香水を開発している。コラボは、従来のウッドノートやオリエンタルノートから離れて、川久保の趣味からはほど遠いフラワーノートに挑戦する機会を与えた。そのひとつが、失敗したかのような不完全な形のガラス容器に入った、特に名前のないオードパルファムで「粘着テープに包まれた花の香り」の香水だ。ひとくちにフラワーノートといっても、実に多くの花がある。

先駆者

Creed クリード

受け継がれるイングリッシュ シック

　「クリード、1760年の創立以来父から子へ、1854年パリに店舗開設」金の冠で封をした包装紙にはこう記されている。金の冠は、ロンドンの仕立屋兼調香師ジェームズ・ヘンリー・クリードの営む小物店が、ヴィクトリア女王の御用達になり、その後、欧州諸国でも香水を商った歴史を物語る。1854年、パリ社交界の中心として栄えたオペラ地区ロワイヤル通りでの開店を支援したのは、フランスのウジェニー皇后だった。

　衣服の仕立てより香水に優先的に取り組むようになったのは1960年代、6代目オーナーのオリヴィエ・クリードが店を継いでからである。「独学の調香師」を自称するオリヴィエは、フォンテーヌブロー近郊ユリィに自社工場を構え、アメリカ、香港、モスクワなど世界中の百貨店におびただしい数の"イン ショップ"を作った。彼のブランドの特徴は、天然香料に強いこだわりをもっていること。オリヴィエ・クリードは今も自らの手でバニラ、トンカビーンズ、アンバーグリスから抽出液（チンキ）を採取する数少な

Olivier Creed
オリヴィエ・クリード（左上）
長年にわたり一族の遺産を守りながら、様々な要素を加えてきたオリヴィエ・クリード。次世代はアーウィン・クリードが総指揮を引き継いでいく。

Les Royales Exclusives
レ ロワイヤル エクスクリュジブ
2010年、クリード社創立250年を記念して発表されたコレクション。オートクチュール フレグランスが収められた250mlの特製香水瓶には、アールデコの影響を受けた立体装飾が施されている。

新しいブティック
さりげないラグジュアリー感を漂わせるパリ左岸の新ブティックでは、大理石と鏡の内装が香水を引き立てる。ネクタイやカシミアのセーターも並んでいる。

Green Irish Tweed
グリーン アイリッシュ ツイード
ベストセラーのグリーン アイリッシュ ツイードはイギリスのカントリー ジェントルマンに捧げられている。フレッシュなグリーン系のトップノートには、フィレンツェのアイリス、レモン、バーベナ、そしてベースにはアンバーグリスが感じられる。

い調香師の1人である。抽出作業には時間がかかり、費用もかさむ。

　パリのロワイヤル通りの店舗は1980年に閉店し、シャンゼリゼ通りに近いピエール プルミエ ドゥ セルビー通り38番地に移転した。2013年には6区にパリ2号店を開店。白い大理石の壁で整然とした内装の店舗には、シェービング キットやカフリンクスなど男性用アクセサリーも数種販売されており、33歳のアーウィン・クリードによって第3ミレニアムのダンディズムが完璧に具現化されている。オリヴィエの息子アーウィンはまずグラースにある数ヵ所の香料会社で香水について学び、その後、世界中を旅して調香だけでなく、花の収穫、瓶詰め、営業、販売、経営にいたるまで、香水業のありとあらゆることを学んだ。現在は父親とともに共同責任者を務め、父親から調香を学んでいる。ブランドのビジュアル部門は、アーウィンの姉オリビアが担当している。同社は今も100％家族経営の独立した企業でありながら、国際的な名声を誇っている。ほかにも変わらないことがある。昔はエリザベート皇后、グレース・ケリーなどの王族がクリードから香水を調達していたが、現在は、ミシェル・オバマがパウダリーなホワイトフラワーの香り「ラブ イン ホワイト」を愛用している。おそらくインドや中国のファーストレディらも間もなく仲間入りすることだろう。

先駆者

diptyque ディプティック
香水瓶のなかを旅する

　今やブランドの地位を確立しているフランス発のフレグランスブランドのディプティックは、1960年代に3人の情熱的な若きアーティスト、インテリアデザイナーのクリスチャン・モンタドル゠ゴトロ、画家のデスモンド・ノックス゠リット、劇場支配人で舞台美術家イヴ・クエロンの友情から生まれた。彼らが買ったパリ、サンジェルマン大通り34番地の小さなブティックには2つのショーウィンドウがあった（"二幅対の絵" から命名）。彼らはそこでモダンな色柄の家具と、無香のキャンドルを販売し始めた。商売が軌道に乗るには時間がかかったが、ウィンドウに飾られた工芸品やエスニックなオブジェは創業当時の客を惹きつけた。3人には独特なスタイルがあったので、商売の出だしがのんびりしていても、めげたりしなかった。ふらっと旅に出る自由な生活スタイル、芸術的な実験、きちんとした躾けと教育を受けてきた育ちの良さ。それらがひとつに混ざり合って確立されたスタイルは際立っていた。

　3人は季節ごとに木のおもちゃ、エナメル陶器、ソープ、ヴィネグルトワレ、そして当時フランスでは無名だったフローリスやペンハリガンなどのイギリス香水を、自分たちの

L'Eau
ロー
1968年に発売されたディプティック初のオードトワレは、中世の製法に着想を得て、花とスパイスから香りを抽出した。その後、偉大な古典の仲間入りを果たした。

34 トランカット
サンジェルマン大通り34番地の第一号店のDNAを伝えるために、調香師のオリヴィエ・ペシューは、ディプティックを象徴する素材を集めて、ブランド特有のにおいのパッチワークを作り上げた。シトラスフルーツ、フィグリーブ（イチジクの葉）、ゼラニウム、チュベローズ、スパイス、ウッド、バルサム。34はオードトワレ、ロー、ホームフレグランス、バス用品で展開しており、様々なアーティストとのコラボレーションを通したイノベーションの実験場の役割を果たしている。

ショーウィンドウ
創業時の店舗の外観は、半世紀を経た今もほとんど変わっていない。フランス、ロンドン、ニューヨーク、シカゴ、アラブ首長国連邦、香港などの15店舗に加え、2013年から新たに東京・青山店が仲間入りした。

"シックなバザール"に加えていった。1963年、故郷のイギリスのポプリを懐かしく思ったノックス=リットがフレグランスキャンドルに着手し、「オベピン」「カネル」「テ」が誕生。香りを放つ小さな炎が豪華なインテリアの主役となる前の時代だった。

　ノックス=リットがデザインしたバロック風レタリングを施した楕円形ラベルが、ブランドのビジュアル アイデンティティとなった。女性雑誌に詳細に紹介されたことが後押しとなり、ディプティックは瞬く間に成功を収める。パリの女性たちはエキゾチックなキャンドルを求めて5区の中心、モベール ミュチュアリテ界隈に押し寄せた。ディプティックの成功の要因は、人々の心の底に眠る自由への渇望を呼び覚ますことのできる創始者の力にあった。1960年代の若いカップルは祖父母のダイニングルーム家具を受け継いでいたので、想像力を使って自分の家を飾るというのは新しい体験だったのだ。

　因習や型にはまることを嫌った初期のビート ジェネレーション時代、3人のうち男性2人はあちこちを旅した。たいていは彼らの世代を象徴するシトロエン2CVやルノー4Lの車で出かけたが、船やラバに乗ったり、歩いていくこともあった。壮大な旅行のたびに、ノックス=リットは花、スパイス、バルサム、木片などを持ち帰り、嗅覚上の発見をノートに細かく書き記していた。これが将来、創造を生む源となっていく。

　1968年、ノックス=リットは16世紀のポプリの香りを現代に置き換えるアイディアをもとに、ついに香水の開発を始める。彼は金細工職人のような几帳面さで、香りの素材

先駆者

創始者
イヴ・クエロン、クリスチャン・モンタドル=ゴトロ、デスモンド・ノックス=リット。ボヘミアン・モードを極めたシックな3人。

Un Air de diptyque
アン エール ドゥ ディプティック

LE SABLIER ル サブリエ
砂時計型ディフューザー
これらのハイテク商品は、現代的なホームフレグランスというブランドの伝統から生まれた。

を乳鉢ですりつぶしてペースト状にし、グラースの調香師にオードトワレを発注した。この年パリで五月革命が勃発し、店からほど近い場所でも催涙ガスのにおいが漂うなか、「ロー ドゥ ディプティック」が誕生した。ローズにゼラニウムの爽やかさを加え、スパイスとサンダルウッドを散らした香りで、当時の主流だった甘くセクシーな香りに逆行してこだわりぬいた爽やかさは、やがてヒッピー ムーブメントとともに訪れるクールなオードトワレの成功を予見していた。

　続く香水も、2人もしくは3人の旅と歩調を合わせるようにして誕生した。香りには旅で訪れた場所──ギリシャ、ロシア、中東の記憶が詰まっていた。「ロー トロワ」はお香の煙と月桂樹といった、地中海の木の香りに満ちた東方正教会のミサへと私たちを誘う。「ロンブル ダン ロー」(1983)は、水辺に近い庭の緑のなかの散歩。「オー ラント」(1986)は、オポポナックスにインドのスパイスをひとつまみ振りかけた香り。

　1993年、ノックス=リットが急逝し、ブランドは才能ある専属調香師を失った。その後、ディプティックは3人の調香師、オリヴィア・ジャコベッティ、オリヴィエ・ペシュー (ジボダン)、ファブリス・ペレグリン (フィルメニッヒ) を招いて、香水の制作を続けた。数年

後、ディプティックは個人投資家に買収されたが、先駆者精神とあふれる創造性は今も顕著だ。2009年にはイラストレーターのクンゼル＋デガと組んでキャンドルを制作。2011年、ブランドは設立50周年を、象徴的な香水の万華鏡「３４（トランカット）」で祝った。

　サンジェルマン通りの店はジボダンのパートナーシップを得て、フローラルシリーズの最新作「オー モエリ」ではコモロ諸島のイランイラン保護プロジェクトに参加した。調香師オリヴィエ・ペシューはこの花から明るい特徴を汲みとり、ドライなグリーン系の爽やかさを前面に打ち出した。2011年、ディプティックはディフューザー「ル サブリエ（砂時計）」で再び世間の慣習から外へと一歩踏み出した。「34」の香りが徐々にしみ出す仕組みは、インセンススティックと家庭用アロマ拡散器（ディフューザー）を時代遅れなものにする。2013年には専門企業のセンテスがデザインした電気式「アン エール ドゥ ディプティック」が登場し、デザイナー拡散器の幅がさらに広がっていく。選べる香りは5種類。この拡散器は、10分間香りを放出しては10分間停止する仕組みになっている。間隔をあけることで香りがほどよく拡散される。「ル サブリエ」と「アン エール ドゥ ディプティック」という独創的商品は、ブランドが初期から蓄積してきたホームフレグランスのノウハウから実現した。ヒッピーの時代に"コンセプトショップ"の先駆けだったディプティックは、ユニークな変遷を強みに国際舞台に歩を進め、アメリカや日本に新しい店舗を開いた。旅好きな3人の創設者は、この世界旅行を楽しんでいるに違いない。

有名なキャンドル
1963年に最初のオベピンが登場して以来、楕円形のラベルに墨でバロック風のレタリングのブランドロゴが書かれたフレグランスキャンドルが約50種類発売されている。ベストセラーには「フィギエ」「フドブワ」「テュベルーズ」などがある。質の高いワックスにより、50時間燃焼が可能。

先駆者

カプシーヌ通り5番地の店舗
ヴァンドーム広場のすぐ近くにある、婦人の寝室風のブティックには、香水瓶とフレグランスキャンドルに並んで手袋が飾られている。

Maître Parfumeur et Gantier メートル パフュメール エ ガンティエ
職人へのオマージュ

　1976年にラルチザン パフュームを創設したのはジャン・ラポルトだが、1988年にメートル パフュメール エ ガンティエを創設したのも、彼だった。情熱に突き動かされて化学技術者から調香師に転身したラポルトは、最初の香水ビジネスで成果をあげ、ラルチザン パフュームを株主らに売ってしまうと、心から求めていた新たな冒険へと漕ぎ出した。ラポルトはラルチザン パフュームに優れた遺産を残したが、なかでも1978年に生み出した革命的な香水「ミュール エ ムスク」は、赤いフルーツとあふれんばかりのムスクのユニセックス香水の先駆けといえる。しかし純粋主義者のラポルトはそれだけでは飽き足らず、香水の原点に立ち返ろうと考えた。新しいプロジェクトを手掛けるにあたり名前をジャン=フランソワに変えると、手袋職人（ガンティエ）が不快な革のにおいを消すために香水の調合を始めた時代にまでさかのぼったのである。パウダリーなアンバー ベースの香りが漂い、美しい手袋とフラスコに囲まれてパリの女性たちをうっとりさせた17世紀の手袋店にラポルトは敬意を表した。そして、ご婦人方の寝室の雰囲気を醸しだす店が、カプシーヌ通り5番地にオープンした。香水の間にさりげなく飾っ

Ambre Précieux
アンブル プレシュー
1988年に発表された美しいオリエンタルノート。バニラとトンカビーンズをベースノートに、スパイス、ハーブ、アンバー、バルサムがふんだんに香る。男女を問わず使用できる官能的な香りのアンブルプレシューは、ジャン=フランソワ・ラポルトの手による香りの特徴がよく表れた、ブランドのベストセラーのひとつ。　＊現在は右と同じ赤い瓶。

Bahiana バイアーナ
ブラジルの自然、文化、陽気さを表現するモダンな香り。爽やかなグリーンノート、ココナッツとガイヤックウッドの香りが、生き生きとしたシトラスと調和している。男性にも女性にも喜ばれる香り。

Grain de Plaisir グラン ドゥ プレジール
2011年、ジャン・ラポルトの遺作となった香水。ミントレモンのトップノートにセロリシードというめずらしい香りが続く、ウッディでアロマティックな男性用香水。

た手袋はブランド名の象徴であり、再び流行に返り咲いたファッションアイテムへの粋な賛辞でもあった。数年後、ミュール エ ムスクの香りをまとったジャン=ポール・ミレー・ラージュという資本家が、メートル パフュメール エ ガンティエに興味を示した。彼は1997年、躊躇することなく買収し、ラポルトが2001年に引退するまで、ともにブランドを発展させた。こうしてミレー・ラージュは「寛大でクリエイティブ、喜んで知識を与えてくれるが常に控えめ」な師匠から、新しい職業について手とり足とり学ぶことになったのである。「でも私は調香師には程遠い」とミレー・ラージュは語る。ラポルトから香水作りを引き継いだ同僚のフレデリック・スターリンはブランドの香水をさらに発展させ、グラースの香水会社とともに完成させた。その間ミレー・ラージュは、販売の基本概念から商品開発、包装にいたるまで、香水作りのすべてを学んだ。現在のブランドは女性用男性用36種類の香水を販売している。初期にはアンバーとムスクを愛し、2011年11月に他界したラポルトのスタイルが色濃く残っている。彼に敬意を表して法規制外の香料を使わないこと以外は調香の処方箋は今もいっさい手を加えられていない。古典主義を基本としながら素材の現代性を模索するという精神は、変わらず生き続けている。ウード（沈香）もそのような精神で調合され、2007年に中東向けに特別に発注された香水が、2012年「アンブル ドレ」となり、各地で大きな成功を収めた。

先駆者

Patricia de Nicolaï パトリシア・ド・ニコライ
調香師であり、2008年よりオスモテック代表を務める。

Nicolaï ニコライ
明快な独自性

　パトリシア・ド・ニコライは一度は世間から縁遠くなった調香師という職業を、社会に戻すという信念を貫いた。ニコライの20年前にラルチザン パフュームが、10年前にはアニック グタールが設立されていたので、小規模な香水会社を立ち上げたのは彼女が初めてというわけではない。しかしパリに調香のラボを開設し、そこでビジネスを始め、ドアに職業名の書かれたサインを掲げることで職人としての専門性を公に示したのは、彼女が最初だった。1989年、ヴィクトル ユゴー広場とトロカデロの間のレイモン=ポアンカレ大通りにオープンしたこの店舗は、ブランドの旗艦店となり、店を訪れた客は大きな板ガラスの向こうに、香料の入ったフラスコや秤やオルガン台などの神聖な世界を見ることができた。不透明なマーケティングのベールに包まれてしまっていた香水産業のノウハウを、ニコライは惜しげもなく前面に開示して見せた。香水・化粧品・食品香料国際高等学院（ISIPCA）で研究を積んだ後、ニコライは自分自身を表現したいという思いを抱いた。そして自分の香りにアイデンティティをもたせると同時に、先例となる香水との統一感をもたせることでブランドを作ろうと考えた。「それ以前にはゲランなど数えるほどのブランドだけが示していた明快な独自性を表したかったの……。このプロジェクトは私と主人にとって大きな挑戦だった」。ニコライの祖母はゲラン家の出

ラボ兼店舗
パトリシア・ド・ニコライが調香のラボを構えたレイモン=ポアンカレ大通りの第一号店では、通りからなかの様子が見えるようになっている。香水がベールを脱いだ。

身だったので、これは一族の課題でもあった。そして"ゲルリナーデ"（ゲランらしさを表す独特の香調）の素晴らしい香りは、一族の集まりにはつきものだった。ニコライはその香りを敏感に感じとりながら、ブルゴーニュ地方でワイン醸造業を営む両親のもとで香りへの興味を育んでいった。夫のジャン=ルイ・ミショーはもともと経済学者でコンサルタントだったが、妻にとって香水が何よりも重要であることにすぐに気づき、ニコライ クレアトゥール ドゥ パルファンをともに設立した。「調香師とは商売ではなく、情熱」と彼女は公言している。

最初の香水「ナンバー ワン」はホワイトチュベローズを用いたフローラルの香りで、同業者（仏調香師協会）から、パフューマー賞を授与された。ウッディなオリエンタルノートの男性向け香水「ニューヨーク」は、愛好家から熱烈に歓迎された。彼女自身は美食家（グルマン）だったが、最も心地よさを感じた香りはハーブのパチュリで、数々の香水にパチュリ少しずつ加えている。男性用の香水「パチュリ アンタンス」では、パチュリと組み合わされることの多いローズに替わってゼラニウムを加えた。ニコライと夫はすぐにブランド独自の香水とキャンドルを生み出し、設立当時から客の心をつかみ、多くの常連客を獲得した。ボディフレグランスには様々な法規制があるものの、キャンドルとホームフレグランスには規制がないので、ニコライにとって自由に創造できる場となった。

先駆者

　以来ニコライ ブランドは毎年新しい香水を世に送り出し、パトリシアは調香師の仕事に一層邁進した。仏調香師協会（SFP）の調香技術に関する会議にも頻繁に参加し、そこで出会う調香師仲間らと、市場に販売されているすべての香水を網羅する、香りの系統に基づく正式な分類法を確立した。そしてこの5年間、ニコライはオスモテック代表というやりがいのある多忙な役職に就いている。調香師という職業が与えてくれた充実感と幸福に恩返しをするつもりで、香りの遺産を守るために時間を費やしている。その使命は世界でもめずらしい香りのアーカイブを構築し、守ることにある。施設は一般に公開し、今や3000種類以上のコレクションの存在を世間に周知させることで、専門家にもアマチュアの愛好家にも貴重な着想を得る源泉を提供している。特筆すべきは、製造者から寄託された調香の処方箋は銀行の金庫室に大切に保管されており、その秘儀にアクセスできるのは唯一の管理人であるジャン・ケルレオをおいてほかにいないという。「オスモテックは香水作りの進化、偉大な先輩調香師らのスタイル、当時の原料へのアプローチについて、理解を深める機会を提供している」。こうして深められた知識からさらに技術に磨きをかけ、願望に忠実に、「シンプルでありながら豊かな調香」をモットーとしている。現在、ニコライはごく限られた数しか流通しない最高級

スタイリッシュな仕事ぶり
ブティックには香水、コロン、ソープの全コレクションのほか、キャンドル、ルームフレグランス、香炉、フレグランスランプなど、ホームフレグランスのアイテムも揃っている。

Maharadjah マハラジャ
華々しくデビューしたニコライのエアーフレッシュナーとキャンドル、そのトップノートは世界のラグジュアリーホテルに使われ、空間にただよう。マハラジャは、パトリシア・ド・ニコライが幼少時に家庭で慣れ親しんでいたゲランのポプリの影響を受けた、スパイシーなオリエンタルノートの香り。

Musc Intense ムスク アンタンス
ムスクの香りは重くなりがちで、扱いが難しい。ニコライはこれを「私の聖杯の探求」と呼ぶ。バイオレット、カーネーション、ジャスミン、ローズを使って香りを思い通りに"軽く"することに成功した。

New-York ニューヨーク
1989年の発表以来、個性ある香水の愛好家を魅了してきたウッディオリエンタルノート。トップノートはシトラスで、森とスパイスの香りに浸り、ベースノートにはバニラとアンバーが感じられる。パウダーとレザーがほのかに香る。男女ともに使える優れた一品。

の香水を制作している。最高の原料を選んで調香することができ、それによって熱心な支持者らを喜ばせることが可能になり、彼女は心から満たされている。

先駆者

Serge Lutens セルジュ ルタンス ヴィジョンの持ち主

　パレ ロワイヤルのアーケードで、黒い服に身を固めたセルジュ・ルタンスの姿が目を引く。大きな緑色の瞳が輝き、まるでボードレールか、フランスの小説家ジョリス=カルル・ユイスマンスの登場人物デゼッサントの魂が乗り移ったような、別の時代のダンディさ。彼は明確なヴィジョンの持ち主で、何にでも興味を示し、見事に実現してみせるが、決して単なる趣味人ではない。どの世界に足を踏み入れても、そこで新しい価値を創る。

　14歳のときにリールで理容師の見習いを始め、デッサンと写真に夢中になった。1960年代、雑誌『ヴォーグ』に最初に見出され、当時、インドのゴアが注目を浴びていたが、ルタンスはモロッコに向かった。彼はそこで、杉の木、お香の煙、天然樹脂のにおいに酔いしれて香りに目覚めた。ディオール香水部門のメーキャップを制作した後に、日本

多彩な才能をもつ男
クリスチャン ディオールの化粧品の構想に始まり、その後、資生堂のグローバルイメージを創った。現在、香水を制作している。

Palais-Royal パレ - ロワイヤル
1992年、パレロワイヤルに"サロン"を立ち上げるとき、セルジュ・ルタンスは、フランス革命後の伊達男、伊達女のスタイルにならい、壁の装飾やパネルをすべて紫から黒みがかった色にデザインした。2階には、希少な受注制作香水専用の個室が設けられている。

の資生堂がヨーロッパに進出する際、ビジュアルアイデンティティを任された。これをきっかけに化粧品業界に知れ渡った。ルタンスが描く、白い顔にルビー色に強調された唇、漆黒の髪を後ろに撫でつけた女性像は世界中を駆け巡った。そして、黒いスーツに身を包んだ男は、1992年に香水プロジェクト「フェミニテデュボワ」に取り組む。クエストの調香師ピエール・ブルドンとクリストファー・シェルドレイクによって、マラケシュのスーク市場への追憶を表したこの香りは資生堂から発売された。バルサム、スパイス、お香、アトラスセダー、ほのかに甘いプラムといった、美しいオリエンタルな喜びを形にした女性用初のウッディノートである。暗紫色の水滴のような香水瓶は驚きで迎えられた。やがて2009年にはルタンスの「パレ ロワイヤル」コレクションに加えられたが、発売当時は木の香りが男性用とみなされていたため、「木の女性らしさ」を意味する名前に人々は戸惑いを覚えた。この香水はその後、何度も模倣されることになる。

先駆者

　同じ頃、唯美主義者のルタンスはパレ ロワイヤルに拠点を移す。この地区は当時時代遅れとみなされ、中庭のダニエル・ビュランの円柱をめぐり論争が繰り広げられていた。そのようななか、ルタンスの豪奢な店はこの上なく美しく、大理石の床、地獄へ続くような荘厳なブロンズ彫刻の階段などは最高級の職人に造らせていた。ゴシック様式は今日のスピリチュアルな風潮と調和するが、1990年代のミニマリズムとはまったく相容れなかった。

　まず3種類の香水が発表された。1つ目は"卓上"釣鐘型ボトルに入った、パレロワイヤル限定販売品。他の2種類は角型ボトルの上に小さな丸キャップのエレガントな瓶で、世界各国で販売された。ルタンスはこの新しい3つの香りをマラケシュの椰子の茂みから着想を得て、北アフリカの自然の再現を試みた。彼は調香師に構想を指定し、名前も指示した。名前は香水に神秘的な雰囲気を与えている。

　ルタンスは言葉遊びが好きで、ブラックユーモアや北アフリカ地中海沿岸地域の表現をとり入れている。たとえば「フロノワール」のフロは短剣の鞘（さや）の意味と、体にぴったりとした黒いドレスの意味をもつ。「フィーユアンエギュイユ」は松林を散歩する少女、またはかかとが細長いピンヒールをはいた少女の意味でもあるが、「フィル アン エギュイユ」（少しずつ、いつの間にか、の意）にもかけている。「ラハトルクーム」「ムスククビライカーン」「アンブルスュルタン」「フュムリテュルク」はすべて『千夜一夜物語』から発想を得ている。パレロワイヤル限定コレクションには全36種の香水、多数の角型ボトル、そして2種の「ロー」と「ロー フォアッド」が含まれる。ホリデーシーズンには、ルタンス自らデザインした模様を職人が釣鐘型ボトルや角型ボトルに装飾。曇りガラスに金色のエッチングで装飾された香水瓶に、雰囲気や香調に合わせて、バロック、ゴシック、幾何学模様などを表現している。

　2010年、自問の末に、通常のオリエンタルノートの世界から遠い、自身が"アンチ香水"と呼ぶ「ロー」を発表して物議を醸した。直線的な瓶に入った清潔なリネンの香りは、世界中の人々にとって手の届きやすいことは間違いないものの、"手軽な"香水に対する厳しい批判を招いた。また、アートディレクターが調香師よりも目立つことへの批判もあったが、そんなことは無関係で「ロー」は非難を耐え抜き、個性的なディレクターが香水を作る先例となった。その頃から、新しい香水に文学への情熱を表す名前をつけた愛好家に向けて自らの言葉を書き添えている。「サンタルマジュスキュル」「ラフィーユドゥベルラン」……。他のブランドも香水に文学的で物語性のある名前をつけるようになった。モロッコの旧市街からルタンスはこう話す。「ニッチな香水とは、美しすぎて悪女になった女性のようなもの」ルタンスの思考の複雑さを、楽しんでみようではないか。そこには神が与えた神秘が宿っているのだから。

Ambre Sultan アンブルスュルタン
アンバー、バルサム、天然樹脂の香りの愛好家の間で伝説となった香水。ラブダナムとロックローズをベースにした、オリエンタルな香りの詩。セルジュ・ルタンスとクリストファー・シェルドレイクによる最初のプロジェクト。

Iris Silver Mist アイリスシルバーミスト
モーリス・ルーセルとセルジュ・ルタンスが組んだ唯一の香水は、今も語り草になっている。当時アイリスは時代遅れと考えられていたが、アイリス特有のパウダーっぽいベールを取り払った男性的な香りが、キャロット、セダー、サンダルウッド、ベチバーなど豊かなウッディ系のベースノートの上に現れた。

クリスマス ボトル
クリスマスには、モノグラムで装飾された 32 のコレクターアイテムがボトルに入った、クラシックな「サロン」香水が発売される。装飾は今も変わらずセルジュ・ルタンス自らがデザインを施す。華やかなバラの香りの最新作「ラフィーユドゥベルラン（ベルリンの少女）」のように、新作の香水も個人の好みに応じて加工することができる。

ニュー ウエーブ

香水業界のニュー ウエーブは、2000年代初頭から出現した。今日、独自の原料とみなぎる創造力で台頭しているこうした新しいブランドは、時代の産物であり、経営に無駄がなく、デジタル技術を駆使し、時にはクラウドソーシングで作られることもある。専門ウェブサイトやソーシャルネットワークによって実現した、フレグランスの新しいムーブメントである。

ニューウエーブ

Sylvie Ganter & Christophe Cervasel
シルヴィー・ガンターと
クリストフ・セルヴァセル

コロンへの愛に突き動かされて、
香水ブランドを設立した。

Atelier Cologne アトリエコロン　香りを凝縮する

　シルヴィー・ガンターとクリストフ・セルヴァセルには共通点が多く、補い合う部分もある。ガンターはマルセイユ、セルヴァセルはトゥールーズといずれも南仏生まれのイタリア系フランス人。ビジネススクール出身で、子どもが沢山いることも共通している。その1人の小さな娘は2人の間に生まれている。ガンターはエルメスで香水の世界に入り、アメリカの子会社でマーケティングとセールスの責任者を務めたときに、香料の生み出す魔法に出会い、調香の技術と巧みなコミュニケーション力に感嘆した。セルヴァセルも、ケンゾーなど有名香水ブランドの育成にたずさわった。そして2000年に販売会社セレクティブ ビューティを立ち上げ、2006年にはガンターが同社アメリカ地区ディレクターに就任した。ガンターとセルヴァセルは仕事の話題にとどまらず、香水についても語り合った。イタリアを主産地とする植物ベルガモットやネロリについて、そして数世紀をさかのぼるコロンの歴史についても語り合ったのである。2人ともコロンが好きだったが、種類が少ないことや、香りが肌に残りにくいことに不満を抱いていた。そこで、コロンに特化して調香する香水ブランドを作る共通の夢を抱くようになる。香料の濃度（賦香率）は比較的高いオードパルファンのままでパワーをコントロールしながら、

革に名を刻む(レザー)

アトリエコロンでは、隅々に革が用いられている。レザーの香りを含む香水もあれば、ボトルのストッパー、ソープを優雅にしばる紐に使われている場合もある。ニューヨークとパリのブティック、ギャラリーラファイエットのアトリエコロンのコーナーでは、200mlの瓶か、30mlのトラベルボトルのレザーケースに、注文に応じて名前を彫ってもらえる。

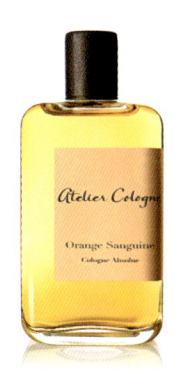

Orange Sanguine
オレンジ サングイン
調香師のラルフ・シュヴィガー（マン）は、シャープでほのかな苦みとグリーンな、大好きなブラッドオレンジジュースを香水に仕上げた。ウッディとアンバーのベースノートに、ジャスミンとゼラニウムも少し加えている。

A blue house 青い店　ニューヨークとパリのブティックは、同じビジュアルアイデンティティで統一され、どちらもアトリエのような雰囲気を醸し出している。

Mistral Patchouli
ミストラル パチュリ
フレッシュでスパイシーなトップノートは特に珍しくなく、最初は馴染みのある香りといった印象を受ける。しかし甘いアイリスとインセンスが香った後に、ベチバーにも負けないパチュリが現われ、珍しさを求める人も楽しめるだろう。最後にベンゾインの香りが心地よさと安らぎを与えてくれる。

より軽いコロンのフレッシュな特性を表現し、しかも個性のある香りを作る、創造力と技術力の挑戦だ。いちかばちかの賭けだったが、情熱を抱く2人と、課題を示された調香師はこの試練に奮い立った。成功の鍵は当然のことながら、真に新鮮でありながら肌に残る高品質な究極の原料と、賦香率、処方の組み方にあった。「構造は、砂時計のような二重のピラミッド」とシルヴィー・ガンターは説明する。「トップノートだけでなく、ベースノートでも新鮮な香りを感じられる。実際には同じ香りではないけれど、損なわれないまま続いているかのような印象を与えている」。2人の企業家は2010年にアトリエ コロンを設立し、シトラスをテーマにした最初のシリーズに着手。「オレンジ サングイン」「グラン ネロリ」「ボワ ブロン」「トレフル ピュール」「ウーロン アンフィニ」。賦香率はオードパルファン並みの15〜20％。「バニラ アンサンセ」「アンブル ヌー」「ローズ アノニム」「ベチバー ファタル」の4種は、伝統的素材を中心に作った。アトリエ コロンは2011年にニューヨークに初の店舗を、2012年にはパリ店をサン=フロランタン通りにオープンした。店内は"クラブ"のような親しみやすさで、香水、フレグランスキャンドル、ずしりとしたフレグランスソープをくつろぎながら吟味できる。心にくいアームチェアも置かれ、顧客は店員と会話を楽しみながら香水を味わえる。

ニューウエーブ

美の追求者、香水の"編集者"。出版社のように、香水のラベルには彼と調香師の名前が記される。

Frédéric Malle フレデリック マル
名調香師らの友

　フレデリック・マルを語るには、香りに満ちたその幼年期を振り返らざるを得ない。母方の祖父セルジュ・エフトレール゠ルイーシュは、グランヴィルでクリスチャン・ディオールと一緒に幼稚園に通っていた。後に彼がパルファン クリスチャン ディオールを創設し、彼の娘——フレデリックの母が後の総責任者を務めた。「木曜日の午後には弟のギヨームとリュエイル゠マルメゾンのディオールの工場で遊んでいたのを覚えています。香水が屋内に漂っていて、私たちにとってはそれがごく普通のことだった」

　美のあらゆる種類に情熱を抱いた若きフレデリックは、ニューヨークに渡って美術と経済学を学び、片手間に写真の仕事もしていた。そこで彼は確かな文化的素養を身につけ、独自の鋭いセンスを磨いた。最初は広告業界に入ったものの、1987年、香りと感性の世界に夢中になって「業界へ入った」と語り、大きな影響力をもつ香料会社ルール（ベルトラン デュポン、後のジボダン）のディレクター、ジャン・アミのもとで学び始めた。

**フルール メカニックと
キャンドル**
アートとデザインに強い関心をもつフレデリック・マルは、この風変わりなディフューザーを含め、ボトルやキャンドルの形を自分でデザインした。

ディテールの美意識
バウハウス運動とディーター・ラムスに影響されたボトルデザイン。タイポグラフィが際立つ。

ニューウエーブ

すぐに優れた調香師とともに働き始め、香水に関わるあらゆる業務をこなしながら、理解を深めたという。次第に、自らの創造性と知識の伝達を前面に押し出して"香水の出版社"になろうと考えるようになった。1990年代から登場した、無難なフレグランスを売る、カウンセリングのないセルフ販売の香水店とは対照的な考え方である。

　飛躍のときは慌ただしく訪れた。特筆すべきは、ヴォー＝ル＝ヴィコント城で豪華に催されたディオール「プワゾン」発売記念パーティで、そこに香水の作者エドゥアール・フレシェの姿はなかったが、イメージモデルの女優イザベル・アジャーニが来ていた。

　マルの香水は、経費や時間の制限なく作られ、調香師らの創造性を刺激し、使用する素材ごとに価格も異なる。ひとつひとつの香水は、総責任者の役割を務めるマルと調香師の二人三脚で作られ、ボトルのラベルには調香師の名前が記されて、箱の裏面にはまるで本の裏表紙のように写真が載せられた。2000年6月、エディション ドゥ パルファン フレデリック マルを、パリのグルネル通り37番地にオープンし、最初に6つの香水を発売した。社名には、父親だけでなく、おじで映画監督のルイ・マルが携わっていた「映画の制作」(エディション ドゥ フィルム)とのつながりも込められていた。店の販売員は顧客にアドバイスができるように、香水用語の訓練を受けていた。

　ベストセラーのなかでも注目すべきは、ジャン＝クロード・エレナ作の繊細な香り「ア

アメリカを制覇
2010年フレデリック・マルはニューヨークの洗練されたアッパーイーストサイド(マディソン街898番地)に店を構え、1930年代の建築物に調和するフランスのアールデコ調の内装を施した。カーペットはジャック＝エミール・リュールマンから、家具はジュール・ルルーから着想を得たもので、置かれているアート作品は、"狂乱の20年代"のパリの芸術家のアトリエの雰囲気が再現されている。ニューヨーカーに愛されている。

香りのカラム
このガラスのカラム(円筒)のなかでは、香りの分子の本質が放出され、ベースノートをより早く感じることができる。

ンジェリック スー ラ プリュイ」、エドモン・ルドニツカの調香処方を基にしたレザーとシプレーの「ル パルファン ドゥ テレーズ」、ドミニク・ロピオンの斬新なチュベローズの「カーナル フラワー」、モーリス・ルーセルが香料のキャシュメランで現代的に作り上げたバイオレットの香り「ダン テ ブラ」。そして極めつけは、特許も取得している独創的な"香りの円筒"。人体がすっぽり入るガラス張りの筒の中に入ると香水が噴射され、客はトップノートから微妙な香りの変化を体験し、その個性を余すところなく味わうことができる。この不思議な円筒形をしたガラスのシリンダーは、1950年代の家具とフレデリックが収集した写真が飾られた店内の洒落た雰囲気に、ぴたりとはまっている。

アートを学んで以来、美を愛し、美の探求者となったフレデリック・マルは、直接・間接的に関係するすべてに飽くなき好奇心を抱き続けている。特に、戦後と現代への思い入れが強い。バーニーズ ニューヨーク、東京の伊勢丹、香港の店舗でも、その時代に通じる抑制された雰囲気と、細部へのこだわりがうかがえる。赤と黒のロゴマークやボトルのグラフィックは、1960年代にバウハウスとディーター・ラムスから直接的な影響を受けたマル自身がデザインした。ボディ用製品（フレグランスオイル、ボディバター）も作られ、2009年にはホームフレグランスも登場した。「においを隠す」機能的な香りとは違う、良質な香りを作ろうという発想で、ルームフレグランス用にデザインした香水を使い、キャンドルや、「フルール メカニック（機械の花）」のような革新的なディフューザー、クローゼットにかけるラバーパッドなどを生み出した。さらに2002年には、アントワープのブティックで、マルの香水を販売していた友人のドリス・ヴァン・ノッテンとともに、新しいコレクション制作を開始し、第一弾の香水「ドリス ヴァン ノッテン パー フレデリック マル」を発表した。これはエディション ドゥ パルファンの仕事の哲学に近い、マルの"信条"と響きあう香りを追い求める友人のブランドのために作られている。コストの制限は課さず、モニター テストも必要ない。

2013年初めに発売された「ドリス ヴァン ノッテン」は、このベルギーブランドの精神を表現する試みだ。最初はベルガモットの軽いタッチをスパイスが追いかけ、カラフルなエスニックプリントを対照的に配置するデザイナーの特徴をよく表している。その後、サンダルウッドとバニラのベースノートにかすかに甘いシナモンを加えた、ベルギーの菓子スペキュラスのような香りがほんのり現れる。このクリエイティブな試みが、エディション ドゥ パルファン フレデリック マルの新しいコレクションの幕開けとなった。ひとつの概念を土台にして才能を表現することを調香師に求めるのではなく、その才能を"仲間の"ブランドのために使うことを目指す「作り手らの肖像」、そう呼べるだろう。

Musc Ravageur
ムスク ラバジュール
モーリス・ルーセルによる2001年度版の「シャリマー」。しっかりとしたオリエンタルのバックボーンに、最初はベルガモットが香り、その背後にアンバー、サンダルウッド、パチュリ、バニラが感じられる。しかし勢いのあるスパイスの香りを生かすためにロマンティックな花の香りは捨てられ、アニマル系のムスクが加えられた。

Portrait of a Lady
ポートレイト オブ ア レディー
ブランドのお気に入りの調香師ドミニク・ロピオンは、パチュリを敷き詰めた上に、温かいスパイスのエネルギーとウードの印象を帯びて広がるバロックローズの香りをイメージした。中東に目を向けた、新しいシプレー系の香り。大ヒット作となった。

ニューウエーブ

État Libre d'Orange エタ リーブル ドランジュ
香水業界のワイルドカード

　「オレンジ自由国」という名前が香水ブランド、というより地政学の授業のように聞こえるとしたら、それは創始者エチエンヌ・ドゥ・スワールが自由な精神の持ち主だからだろう。エチエンヌは南アフリカとニューカレドニアで育ち、仕事はジバンシイ パルファムで覚えた。1990年代のマーケティング手法と現代美術への情熱を抱きつつ成長した若者は、自由になりたいともがき始める。2000年、自分の魅力とアドレス帳を武器に、彼は最初の会社ドッグ ジェネレーションを立ち上げ、初めての犬のための香水「オーマイ ドッグ！」を作った。これは日本とアメリカである程度成功した。その後2006年、エチエンヌはエタ リーブル ドランジュを創設し、パリのマレ地区の真ん中、アルシーヴ通り69番地のブティックでまず10種類の香水を発表した。

　根っからの洒落好きでもある調香師は、今や業界全体を支配している「マーケティングと金融による独裁に対する革命」を宣言する。そして独立宣言として、調香師の表現の自由を謳った記事を寄稿した。こうしてブランドの名前は、父親の出身地であるとともに、かつて南アフリカの州のひとつだった「オレンジ自由国」になった。

挑発的な人

創始者エチエンヌ・ドゥ・スワールは、自らの手で生み出す香水の奇妙な名前と魅惑的な残り香のギャップを楽しんでいる。

The Afternoon of a Faun
ジ アフタヌーン オブ ア フォーン

ニューヨーク社交界の名士でトランスセクシャルのジャスティン・ヴィヴィアン・ボンドがアンバサダーを務めるこの香水は、ELOの"挑発の法則"を標榜している。安易な手法と捉える人もいるかもしれないが、願わくば多くの人に、調香師ラルフ・シュヴィガーの生んだこの洗練された優雅な香りの楽曲に漂う、新鮮なアイリスとレザーノートを感じて欲しい。

Fat Electrician
ファット エレクトリシアン
アロマティックでウッディなボトルは、ブランドの香水革命というコンセプトを暗示するトリコロールのロゼットを誇らしげにまとっている。心地よいベチバーの香りが、アンバーとかすかなバニラで仕上げられ、紳士にこそふさわしい。

La Fin du Monde
ラ ファン ドゥ モンド
ブレーズ・サンドラールが1919年に発表し、後に映像化された長編詩、予言的なSF映画が混ざり合った"世界の終り"のイメージをどうやって香水にするのか。サンダルウッド、ベチバー、アイリスのベースで、ブラックペッパーのピリッときいたフリージアのブーケを、甘く誘うような立ちのぼるポップコーンの香りが包む。甘い、世界の終り。

　最初の10種の香水は3人の調香師、ジボダンのアントワーヌ・メゾンデュー、高砂香料のアントワーヌ・リー、シムライズのナタリー・フェステュアーの手で誕生した。彼らが世に出した香水名には、型にとらわれないユーモアとセクシャルな色合いがあった。「ピュタン デ パラス」（宮殿の娼婦）、「ジュ スィ アン オム」（私は男）、「アントルキュイス」（股間）。こうした挑発も、「香水のDNAには、誘惑と行きつく先が組み込まれている」と強調する男にとっては自然なことだった。彼の香水は、吹き出す血液、精液、汗のにおいを想定して作られた「セクレシオン マニフィーク」のように面喰うものもあるが、多くは高品質の素材に裏打ちされた真の調和という魅力をそなえている。

　ELO（マニアには頭文字で呼ばれる）では、それぞれの香水を表現する"顔"の選択にも、驚きが満ちている。ELOのアンバサダーには一般大衆受けするジュリア・ロバーツやシャーリーズ・セロンではなく、ペドロ・アルモドバル監督作品に登場する攻撃的な顔のロッシ・デ・パルマや、エッジーな出演作で知られるティルダ・スウィントン、1970年代アメリカのゲイ シーンのアイコンで、革の服を着た肉体美を誇る警察官の絵が有名な故トム・オブ・フィンランドなどが選ばれている。マレ地区の旗艦店もまた刺激的だ。香港の中国系企業出資のおかげで、その奇抜な内装は今やロンドンの流行最先端基地ショーディッチに復元されている。ELOは成熟期に入ったのだろうか？

ニューウエーブ

ヘネシーからキリアンへ　キリアン・エヌシーはコニャックから香水へ、天使の飲み物の世界から香りの世界へと見事に転身した。

Kilian キリアン 正真正銘のラグジュアリー

　その男はヨーロッパ最高の名家出身で、有名な家族経営のコニャックメーカー「ヘネシー」とモエ エ シャンドンの合併を主導し、LVMHグループを形成する1本の柱を立てた祖父キリアン・エヌシーの名を継いでいる。この偉大な遺産を受け継いだ若きキリアンは、すぐに香りの嗜好、希少な原料の収集力、品質に関する知識をものにした。そしてさらに技術を身につけると、自らの手で創造し、軌跡を残したいと思うようになる。ディオール、パコ ラバンヌ、アルマーニのマーケティング部で仕事を学び、最高の調香師らのいる現場で嗅覚を磨いたのち、2007年、ついにキリアンは自分のブランドを立ち上げた。バイ キリアンはラグジュアリーブランドであること、しかも過剰が許されるくらい正真正銘のラグジュアリーブランドであることを、最初のコレクションから明確に示してみせた。ルーヴル ノワールシリーズの10種類の香水は、キリアン・エヌシーが目指す香りの芸術的、美的イメージを鮮やかに描き出した。確かに、正統派の優美さへのこだわりがしっかりした土台を築き、傑出した素材、彫刻のような詰め替え式香水瓶、そしてキャンドル、スプレイ、箱などはすべて、細部に至るまでラグジュアリーという掟が浸透している。目の覚める白いシャツを着たこの永遠の若者に黒という色

Straight to Heaven, white cristal
ストレート トゥ ヘブン、ホワイト クリスタル
「発想は、ラムという生命力あふれるスピリットと、島々の暖かさの融合」。シドニー・ランセスール（ロベルテ）による香水は、マルティニークのラムを基本に、インドネシアのパチュリが混ざり、ナツメグがほのかに感じられ、ベースノートにセダーとローズウッドが香る。

Good Girl Gone Bad
グッド ガール ゴーン バッド

アルベルト・モリヤス（フィルメニッヒ）が調香した永遠の女性らしさを表す香水は、純粋さからあふれ出る官能性への推移を、ケース上でとぐろを巻くヘビで強調している。トップノートにオスマンサスとサンバックジャスミンの甘さと爽やかさがあり、第2幕には苦悩のローズと、喜びあふれるチュベローズが登場、ベチバーとセダーのベースノートで和らげられたスイセンのアニマルノートで幕を閉じる。はたして純潔は勝てるのか？ 望みは薄いかもしれない。

Rose Oud ローズ ウード
感覚を惑わす、エッセンスのぶつかり合い。カリス・ベッカー（ジボダン）はトルコとグラースのローズの出会いが、ウードウッドに繊細な女性らしさを与えると考え、ぞくぞくするような香りを生んだ。卓越した、異種混合の香水。

が欠かせないように、ブランドにも黒が欠かせない。しかしキリアンは自分の創造の特色を、外見だけでなく、より深いレベルでも表現したいと考え、自らの想像力と、信頼を寄せる調香師（カリス・ベッカー、シドニー・ランセスール、アルベルト・モリヤス、アントワーヌ・メゾンデューなど）とのコラボにより、フランスや様々な土地の記憶と、現在の芸術や文学から描き出してみせた。「優れた香水とは、何よりも優れた物語だ。美しい香りのハーモニーになる以前から脈々と続いている」とよく彼は語る。「アラビアン ナイト」ではオリエンタルを象徴するウード、ローズ、インセンス、アンバー、ムスクなどの素材を使って楽しませ、「エイジアン テイルズ」コレクションには物語に誘うような赤い装飾が施されている。肌への官能性も欠かせない要素である。2012年エヌシーは誘惑をテーマにした3つ目の作品「ザ ガーデン オブ グッド アンド イーヴィル」を発表し、創造の核心を見せた。2013年には第4の香水が発売される。秘密を隠すクラッチケースを、シンプルなものから贅沢なものまで取り揃えた。女性にはそういう選択肢が喜ばれることを知っているのだ。2012年末には初のブティックがロシアにオープンし、特別に「ウォッカ オン ザ ロックス モスコウ」と呼ばれる香水が作られた。2013年末、今度はマンハッタンに2店舗と限定香水を迎えることとなった。「アップル ブランデー ニューヨーク」は、キリアンのルーツと彼が愛する街との情緒的な融合である。

ニューウエーブ

Le Labo ルラボ 自由のひと吹き

　香水は豊かな出会いの物語。2つの分子、2つの遺伝子、情熱ある調香師と上質の素材、熱い思いをもった人々、空虚感と絶対的なものへの衝動。ルラボには幾多の出会いがある。スイスのエドゥアール・ロスキーとフランスのファブリス・ペノが、ロレアルの高級品部門傘下のブランド、アルマーニで出会ったことが、すべての始まりだった。2人は強い起業家精神を抱いており、頭は夢で一杯だった。ペノはニューヨークのシムライズに入り、ブランドを作る計画を遠い地で形にし始めた。その18ヵ月後、2人の友人同士は「人生にムスクの香りの自由をもたらすために」思い切って仕事を辞めてしまった。他に類を見ないコンセプトが、「ルラボ グラース - ニューヨーク」という名前に集約されている。彼らが目指すのは、香水作りの裏側で実際に起こっていることを表に出していくこと。その出発点として、香水は繊細で長持ちしないものだということをはっきりと表明した。そして調合した香水の"鮮度"と香りの質を保つことができるように、在庫はもたず注文を受けて調合することにしたのである。ルラボの店舗では、客は14種類の香りのコレクションから濃縮されたエッセンスを選ぶことができ

一見の価値ある店

工業的な家具、クラブチェア、白いタイル張りの壁、吊り下げられたメタルランプ。ルラボの店に一歩足を踏み入れると、1930年代のニューヨークへと一気に時代をさかのぼる。"クーリエ"のフォントとセピア色の写真を使ったウェブサイトからも、共通の精神が感じられる。サイトに掲載された散文と、創始者のエドゥアール・ロスキーとファブリス・ペノの辛辣なユーモアも、ブランドの大きな持ち味だ。

Vanille 44（Paris）
ヴァニラ 44（パリ）

ルラボがパリのために作ったシティエクスクルーシブは、パリ生まれの"ゲルリナーデ"に着想を得たのだろうか。多分、少しは。だからこそ、フランスの支店でしか買えないこの香りの旗印に、バニラが選ばれたのだろう（レフィルはどこでも手に入る）。ウッディアンバーとインセンスが混ざり合った香りの陰にいる調香師はアルベルト・モリヤスで、ベースノートはブルボンバニラ。

Travel Tube *
トラベルチューブ

お気に入りの香水なしで海外を旅するなんて考えられないという男子と女子のために――ルラボの創設者らもまさにそう感じていた――10mlのスプレイをヴィンテージ風のメタルケースにぴったりと収めた。自分や贈る相手のイニシャルを彫ることができる。

る。オイルは購入の瞬間までアルコール類とは別に保管されている。香水が作られる10分間、香水愛好家らは原料に関する説明を受けて知識を深め、そして自分の名前と消費期限（調合から1年）がラベルに書かれたボトルを手にして帰る。香水にはフランスのグラース産の自然素材の名前と、調合に含まれる素材の番号が書かれている。アンブレット 9、ベルガモット 22、ラブダナム 18、ローズ 31（ベストセラー）、フルールドランジュ 27 といった具合に。

香りと香水の喜びを交わし、分かち合うために、2006年ルラボはニューヨークにブティックをオープンした。続いてロサンゼルス、東京、ロンドン、最後に2012年にパリ店を開いた。各都市にはそれぞれ特別な香水がある。「シティ エクスクルーシブ」シリーズには、「ガイアック 10」（東京）、「ヴァニラ 44」（パリ）、「チュベローズ 44」（ニューヨーク）、「ポアブル 23」（ロンドン）、「キュイール 28」（ドバイ）などがある。各都市を象徴する香水は、普段は各都市の店舗でしか入手できず、ウェブサイトでも売られていないが、限られた店舗やオンラインショップにて、限定期間発売されることもある。欲求をあおり、ニーズに応え、空を作る。ペノ曰く「ブランドとは見事に語られた物語なのである」。

*）日本未発売

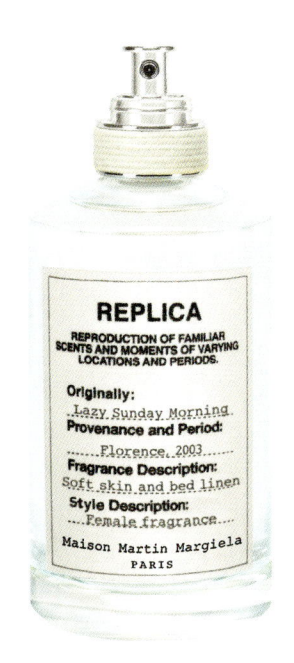

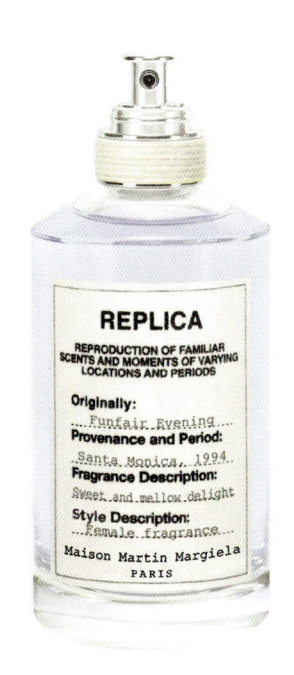

Maison Margiela メゾン マルジェラ
エッジのきいたヴィンテージ

　ベルギー出身のデザイナー、マルタン・マルジェラの設立したメゾンが香水業界に参入したのは2010年。ファッションを扱うマスコミではすでに、想像力に富みエッジーな存在として知られていた。公の場にも写真にも決して現れないその人物像を"知る"ことができるならの話だが。アントワープ王立芸術学院で学び、ジャン゠ポール・ゴルチエに師事したのち、1988年に自身の名を冠したブランドを立ち上げた。その特徴は？

　まさに、何もないことが特徴である。服にデザイナーの名前がついたラベルはなく、ただプロダクトラインを表す1〜23までの番号が振られている。職人気質で、衣服を再利用・再解釈し、色は白、ミニマルなラインを好む。常識にとらわれない場所でショーを催し、慣習を打ち壊した。彼には技巧があり、スタイルを決めるセンスがあり、豊かな才能がある。エルメスはそれを見出し、1997〜2003年に女性のプレタポルテのコレクションを委ね、それ以降、マルジェラはブランドのすべてを腕の立つデザイナーチームに譲り渡し、2009年にはロレアルがフレグランス部門のライセンスを取得した。メゾンは香水の世界に強い関心を抱き、直感的な視点で、オイルや軟膏など旅から持ち帰った素材と、パチュリ、グリーンノート、オークモスへの傾倒を融合させた。当然

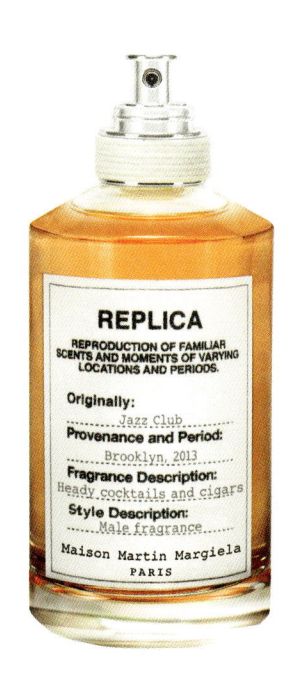

Replica Collection 2012
レプリカ コレクション 2012

現在はルイヴィトンの調香師を務めるジャック・キャバリエと、フィルメニッヒのマリー・サラマーニュが生んだ、想像力をかき立てる香水。大きさ、寛容さを感じさせる「ファンフェアイヴニング」、夏のカルヴィの浜辺を思わせる「ビーチウォーク」、そしてまさに新鮮な花のブーケ「フラワーマーケット」。

Untitled アンタイトル

＊）日本での発売名は、「メゾン マルタン マルジェラ」

メゾン初の香水は、ブランドのグラフィックの法則と哲学そのものだ。透明性、匿名性、慎み。大切なのは一人一人が自分のやり方で、このグリーンの強いウッディフローラルな香りにたどり着くことだといわれている。同じくダニエラ・アンドリエが手掛けた「オードトワレ」版はコロンの性質をそなえている。

のことながら、最初の香水は「アンタイトル」と名付けられた（日本での発売名は「メゾン マルタン マルジェラ」）。ダニエラ・アンドリエ（ジボダン）は植物の華やかな特長に、ガルバナムでモダンなひねりを加え、よりなめらかで樹脂を多く含むバルサムやセダーウッドを加えて和らげた。2012年に誕生した「レプリカ コレクション」は服飾のラインと同じ名前になっている。メゾンは世界中から探し集めてきた衣服を一定の形で再生し、由来を書いたラベルを貼って「レプリカ」と呼んだ。香水のほうは、私たちの記憶をくすぐる3つの香りのスナップショットで、現代的なテイストに合うように仕上げられた。香水瓶はどれも同じで、「レプリカ」の衣服とアクセサリーのように、コットン製のラベルが貼られている。2013年にはアリエノール・マスネ（IFF）の手による男性的な香りを含む3種の香水が加わった。イギリスのナイトクラブの革の風合いと、気の置けない仲間と味わう年代物のリキュールを思わせる、豪華で自信に満ちた香り「ジャズ クラブ」。カルロス・ベナイム（IFF）が開発したフローラルのほとばしる見事な香り「プロムナード イン ザ ガーデン」と、「レイジー サンデー モーニング」というぴったりの名前をもつ心地よい香水も同時に発売された。メゾン マルジェラは、ファッション性と革新性はそのままに、2番目の肌ともいえる香水を生み出しながら、新しい道を模索し続けるだろう。昨日の素材と明日のテクノロジーという二枚の鏡の間で。

ニューウエーブ

Wood and Absinth
ウッド アンド アブサン

陽気なコルシカの色あせない心打つ記憶のなかで、バクストンのお気に入りの素材である官能的なベチバーとアブサンが出会った。伝統を重んじるマーク・バクストンは紙の上で仕事をし、「それぞれの素材が自分の役割、本来の役割を果たす」ことができる簡易な調香の処方箋を好む。

Mark Buxton マーク バクストン

英国のエキセントリシティ

　マーク・バクストンは幼少期にドイツに住んだことがあるが、明らかにイギリス生まれであり、歩くユニオンジャックといえよう。パリを拠点にして長いが、背の高さと、まごうことなき英国ファッションは、やや型にはまった香水業界では目立つ存在である。万が一彼の出身地に疑問を抱く人がいたとしても、会話のアクセントとユーモアを耳にすればすぐに納得できるだろう。強烈な個性の持ち主で、輝く瞳と愛嬌のある笑顔の裏には好きなように人生を生き、自分の情熱に従うという揺るぎない決意が潜んでいる。最初は地質学を学んだが、やがて香水の世界に引き込まれる。香りを判別するというドイツのテレビ番組に出演することになったときには、もうすっかりその世界から逃れられなくなっていた。優れた嗅覚からの記憶力と香水の世界への強い好奇心が決め手

Tuning and heart notes
チューニングとハートノート
「セクシャルヒーリング」「デビルインディスガイズ」「スリーピングウィズゴースツ」。バクストンの愛する歌の記憶だ。アニマル系フロリエンタルの香りはマーヴィン・ゲイ、シプレーはエルヴィス、フルーティなフロリエンタルの香りはプラシーボというバンドの曲に由来している。マーク・バクストンはそれぞれの曲の歌詞からヒントを得て香水を作った。

Emotional Rescue
エモーショナルレスキュー
「きみの心を救いに行く……」1980年のローリングストーンズの曲。心優しい失意の騎士には、慰めが必要だ。フローラルとウッディのハーモニーが痛みを癒すコレクション最新作。バクストンの最も愛する香りのブランケット、ベチバーを加えて。

となって、それから25年間、バクストンは料理人だった両親が厨房で味を操っていたように、香りの素材を操っている。実際、彼は美食家を自認しており、あえてシンプルにした香調のなかにも、昔のキッチンの記憶にあるマルメロ、ルバーブ、アブサンなどの素材を加えることがある。1990年より前に、早くも現在のグルマン系香水の流行を予言するかのように、甘い香りを加えていた。世界の香水市場をけん引する企業、現在のシムライズ1社で忠実に調香師のキャリアを築いたが、2011年、企業という安全な枠組を出て完全にフリーランスで働く決意をした（2008年には自身のブランドを立ち上げていた）。クライアントが彼を選び、彼もクライアントを選び、息の詰まる会社間の競争(コンペ)もない。長い間思い描いていた香水、自分や顧客のためにあつらえた香水を作る至上の幸福感を味わうことができる。この新しい生活は明らかに肌に合い、バクストンはコスト的な制約や調香の処方に関する絶対命令も受けず、自分で選んだ原料を使って仕事ができることを喜んでいる。自身のニッチ香水ブランドをコントロールできるようになると、ブランドのトレードマークである1930年代風のキャップのボトルに、新たなコレクションという息吹を吹き込んだ。基礎となっているのが2つのベストセラー、あるニューヨークの女性から着想を得たオリエンタルな「ブラック エンジェル」と、樹木のような香りの「ウッド アンド アブサン」。その後も数種類の香水が登場し、ひとつひとつがバクストンの物語を少しずつ語っている。冒険のパートナーである販売店ノーズは、ヨーロッパ、そしてもちろんイギリスの厳選した専門店に彼の香水を卸している。

61

ニューウエーブ

Memo メモ　世界を旅する香り

　メモの創設者は、歩く世界地図だ。スペイン人の両親のもとにパリで生まれ、コスモポリタンな環境に育ち、様々な文化や習慣、幸福の定義を見つけたいと願って世界中を旅した。やがて結婚すると、アイルランド人の夫とスイスに渡った。クララ・モリーのそんな人生は旅と文学が水先案内人になっている。2007年に自身のブランド、メモ（嗅覚の記憶(メモワール)）を構想したとき、その実現をIFFのアリエノール・マスネに託した。「香水が肌により長く残るように改善するだけでは物足りない。香水とは感性の旅なのだから、興味深く親密なものを作りたい」というのが2人の共通の願いだったと、モリーは語る。彼女はブランドの哲学を「目的地は旅」と要約した。この若き女性は、香水作りに洗練された趣味とヨーロッパのエレガンスを取り入れた。最初のコレクション「レゼシャペ」は、ひとつひとつの香水が私たちをある場所のある瞬間へと連れていく。たとえば「インレー」はミャンマーのインレー湖の夜明け。お茶の湯気のような霧に、アプリコットに似た香りがする小さなアジアの花キンモクセイ（オスマンサス）が活気を添えている、

Clara Molloy
クララ・モリー
モリーの文学と旅への情熱が、メモでひとつになった。

Collection Les Échappées
「レゼシャペ」コレクション
香水を通して、モリーがそれぞれの土地の雰囲気を物語る。

Italian Leather
イタリアン レザー
逆説的だが、ピンクペッパーと青いトマトの葉の香りからエネルギーを得たシトラスのおかげで、この香水は楽天的な香りで始まる。その後バニラに縁どられたレザーの香りが立ち、コンバーチブルの柔らかなシートに座っているような印象を与える。

Lalibela ラリベラ
エチオピアの聖地には、天使たちに一晩で12の教会を岩場を深く削って築かせたラリベラ王の物語が伝えられている。シプレー、ミドルノートにローズとジャスミンが香り、スモーキーなインセンスがふわりと漂うこの香水のヒットも、香りの軌跡も、神秘的な名前と伝説に負うところが大きい。アールデコスタイルのボトルには中身の香水を暗示するモチーフが描かれている。ラリベラにはエチオピアの布模様が使われている。

Quartier Latin カルチエ ラタン
大学図書館の空気、サン=ジェルマン=デ=プレのジャズバーで飲んだ一杯の味。サンダルウッド、セダー、トンカビーンズのオリエンタルでウッディな土台にクローブをわずかに加えたフルーティノート。

そんな空気を嗅ぎとれる。なかには月への長い冒険旅行に誘う「ムーン フィーバー」や、太陽の物語「シャム ウード」のように古くから伝わる空想上の旅もある。

　新作「ルクソール ウード」で、マスネはマンダリンとローズの組み合わせにウッディなウードで輝きを与え、ナイル川の緑の岸辺と視界の先まで広がる砂漠のコントラストを描き出した。2013年にはクララの夫ジョン・モリーも加わり、再び旅の世界から広がる新しいコレクションの構想に取り組んだ。それが、世界中をめぐる旅人の革のカバンから着想を得た「キュイール ノマド」だ。このコレクションは革という素材が手袋作りを通して香水文化を確立させたことへの感謝もこめられている。メモが作ったキュイール（革）の香水はレザーケースに入れて販売されている。「アイリッシュ レザー」はアイルランドの草原を放浪する姿を描き、「イタリアン レザー」はラテン系の享楽的な香りがする。メモは設立当初からフランス国内ではル ボン マルシェやコレットで販売されている。ロンドン、ソウル、モスクワ、東京、ドバイ、新しいところではニューヨークにも専用コーナーが設けられている。

ニューウエーブ

Olfactive Studio オルファクティヴ スタジオ
目をもった鼻

　レア パフュームの世界では、ウェブの役割が極めて重要である。限られたコストのなかで宣伝よりも製品に力を注ぎたいブランドを、発展させる上で大きな助けとなる。セリーヌ・ヴェルールはこの重要性をインターネットバブル以前からよく理解しており、e - ビジネスの企画を推進し、後に創業当初から続く香水ウェブサイト"Osmoz"の責任者になった。彼女はこの商売を隈なく、創造性重視のブランド、ケンゾー パルファムで学んだ。数年間研鑽を積んだのち、香水の共同マーケティングという新しい冒険、すなわちフェイスブックで「まだ存在しない香水のブログ」を育てる計画の準備を整えた。それは現代写真家と調香師らの出会いというコンセプトをベースにした、インターネット上のブレインストーミングで、そこではどんなことでも可能だった。約50人の香水"愛好家"がこのゲームに参加してプロジェクトの推進を助け、調香師らと話し合うワーキング ミーティングにも参加した。提案された数々の香水名はすべてが写真に関するもので、そこから「オートポートレイト」「スティル ライフ」「シャンブル ノワール」が選

Autoportrait
オートポートレイト
薄暗い水面に映る像をとらえたリュック・ラポートルの写真に呼応して、ナタリー・ローソン（フィルメニッヒ）はウッディなペッパーの「オートポートレイト」を作り出した。官能的で、リッチで、刺激的な香り。

Lumière Blanche
ルミエール ブランシュ

シドニー・ランセスールはロベルテの調香師。マッシモ・ヴィターリ撮影の、光が飽和した夏のビーチから"熱く、冷たい"ハーモニーを想像し、太陽に照らされたカルダモンのカクテルと、シナモンとスターアニスのコントラストに満ちた香水を生み出した。不思議な、乳白色の小さなジュース。

Flash Back
フラッシュ バック

ローラン・セグルティエによるぼんやりとかすんだ女性の顔写真は、オリヴィエ・クリスプ（フィルメニッヒ）に、幼い頃に安心感を覚えたキッチンテーブルの記憶を思い出させた。そして想像したのがルバーブタルトに少しグリーンでシャープな香りを加え、ウッディなベースノートで温かく仕上げた香水。

ばれた。ヴェルールは各々の香水のために写真を一枚選んで調香師に渡し、マーケットやそれに伴う義務も気にせず、ただ"写真から感じた気持ち"を香水に置き換えてもらった。「 各アーティストが自分の直感と欲求に自由に従った」。2012年の暮れ、ヴェルールはコレクションに驚くほど白い、乳白色のジュースのような「ルミエール ブランシュ」を新たに加え、2013年には思い出に満ちたシャープでウッディな香り「フラッシュ バック」を世に送り出した。約10種類ほどの商品の幅ができるまで、毎年新しい香りのスナップ写真が生み出される予定である。いつかきっと他のフレグランス商品と小さな店のウィンドウに並ぶことだろう。ヴェルールは夢想家だが現実的に前進し、最新の香水がまるで一人の人間のように世界へと旅立っていく様子を見つめている。ラムとユズの香りの「スティル ライフ」はドイツとアメリカで売れ行きがよく、パチュリ、レザー、プルーンの「シャンブル ノワール」は中東やヨーロッパ諸国で人気がある。彼女の野望とは何か？ 消費者を味方にし、小さな会社で最大10〜12種類の香水を作り、心穏やかに冒険を続けることだ。くつろいだ気持ちで、自分が心から好きなことをする悦びこそが彼女を笑顔にする。販売店を厳選して、ヨーロッパのふさわしい場所に確実に商品を並べること、そしてもちろんウェブを通して、世界中に届けることも。

ニューウエーブ

Parfumerie Générale パルフュムリ ジェネラール
創造のエネルギー

　あなたは調香師なのかと尋ねられると、ピエール・ギヨームはノーと答え、いつもの台詞で応える。「私は香水を料理している。伝統的な道のりで調香の処方を学んだわけではなく、すべて仕事から学んでいる」。35年前クレルモン=フェランに生まれたこの若き改革者は、一風変わった経歴の持ち主だ。大学で2年間化学を学んで学位を取得し、家業の工業用化学薬品会社に就職、父親から仕事の手ほどきを受けた。好奇心が強いギヨームはまずはにおい、続いて香水に魅了された。父親の会社に納入された素材から自分のコレクションを作っていたので、原料はすでにひと通り揃っていた。これらの素材で遊び始め、自分の好きな香り、たとえば父親のシガーセラーの香りなどを再現しようとあれこれ試しながら新しい方向性を探った。この空気感を再現しようという試みの結果、当時手元にあった62種類の素材を使った最初の香水、コードネームPG02こと「コゼ」が生まれた。このオリエンタル、ウッディ、かつスパイシーでリッ

Pierre Guillaume
ピエール・ギヨーム
においへの好奇心によって香水の世界に導かれた。あとはすべて情熱のなせる業だ。

Haramens アラメン
2011年クレルモン=フェランにオープンした店。ピエール・ギヨームを虜にした香水を販売する。

Cozé - PG02 コゼ -PG02

パルフュムリ ジェネラールの香水第1号。衣料品店のウィンドウで香水が紫外線にさらされていたことにヒントを得て、ピエール・ギヨームは紫外線酸化によって香調をなめらかにして、液体に琥珀色のつやを出す"フォト アフィナージュ"の手法を考案した。「早期熟成のようにとがった香りをならし、肌につけたときに非常になめらかになり、少し古風な風合いをもたせることができる」

Louanges Profanes-PG19 ルワンジュ プロファン -PG19

パルフュムリ ジェネラールには、約40種類もの強い意味を込めた "ペプラム パルファン"（古代史劇のような香水）がある。このフレッシュでパウダリーなフローラル オリエンタルの香水は、ネロリ、サンザシ、ユリの抽出液、お香の煙、ベンゾイン、ガイヤックウッドという「6つの宗教的なシンボルのインクで書かれた香りの祈り」の意。

Myrrhiad for Huitième Art Parfums ミリヤード フォー ユイッティエム アール パルファン

植物の最先端研究から得た素材を使うコンセプトの香水ユイッティエム アール パルファンは、磁器製のトーテムのような白い瓶に入っている。ミリヤードは、アルゼンチン ブラックティーのアブソリュート、ミルラのオレオレジン、バニラとリコリスなど異なる産地から集めてきた素材を組み合わせた、オリエンタル バニラの香水。

　チな香水をあるパーティで出会った女性に贈ったところ、女性は友人に配るためにと数十本を注文した。こうしてパルフュムリ ジェネラールが誕生し、ピエール自らが工場長を務める実家の工場の隣に、自分の制作所を設けた。香水の制作、熟成、希釈、冷却、浸出、フォトアフィナージュはすべてここで行われている。

　ピエールもブランドも大いに発展し、パルフュムリ ジェネラール（LPG）は毎年新作を発表し、ときどき限定版も発売する。彼の香水への情熱も広がり、今も空想の瞬間や世界を香りで満たす悦びを味わっている。今やフランス内外の販路（計約160店舗）とウェブサイトで年間42,000本の香水を販売している。2011年春にはクレルモン＝フェランに自身の店舗も開いた。自作品だけでなく、作品と世界観を高く評価する香水も楽しめる店舗 Haramens（アラメン）では、ギヨームが扱う3ブランドの商品を常備している。1つはパルフュムリ ジェネラール（ギヨームが古代史劇（ペプラム）と呼ぶ、壮大な物語を込めた香水）。2つめが2010年に立ち上げたユイッティエム アール パルファン（嗅覚の瞬間）。3つめは、2012年に取得したキャンドル、ルームスプレイ、香水を製造するフェドンだ。ゲストブランドとしてディプティック、ラルチザン パフューム、イソップも並べている。

67

ニューウエーブ

Marc-Antoine Corticchiato マルク=アントワーヌ・コルティエッキアト
調香師はモロッコとコルシカと乗馬から着想を得ている。

Musc Tonkin
ムスク トンキン

私たちは感覚にも"影響を及ぼす原点"があることを知っている。この愛の媚薬ともいえる香水に含まれる、今は採取が禁じられている極めて希少なヒマラヤジャコウジカからとれるトンキンムスクの香りは、特にそれを力強く感じさせる。ハチミツ、フローラルで塩気のある香り、果物の砂糖漬けの芳香が、魂を温めてくれるレザーの香水。

Parfum d'Empire パルファン ダンピール
感覚の帝国

　インスピレーションを求めて遠くまで行く必要はない。自分の生活の、手の届く範囲にある。マルク=アントワーヌ・コルティエッキアトから家族の話を聞くと、そんな考えが浮かんでくる。父親は、所有・栽培していたモロッコ、アゼムールのオレンジ畑に撮影でやってきた若いモデルだった母親と出会い、一目ぼれ。2人は幸せな家庭を築いたが、それも1977年に畑が国有化され追放されるまでのことだった。幸運なことにコルシカ島が温かく迎え入れてくれた。においの世界、特に植物由来の香水に魅了されたコルティエッキアトは、フランス国立科学研究センターの研究部門で分析化学の博士号を取得し、コルシカ大学に付属研究室を設置、そこで抽出技術の研究を行った。後に香水・化粧品・食品香料国際高等学院（ISIPCA）で、14ヵ月にわたって調香での合成香料の役割を学んだ。「私はこれまで嗅覚への刺激に満ちた3つの場所で暮らしてきた。モロッコ、コルシカ、そして馬小屋！」8歳で乗馬を始めると、すぐに競技レベルに達し、今も馬術のもつ雰囲気を愛している。2000年に、小さいが大きな野望をもった会社 パルファン ダンピールを立ち上げたときに、アニマル系の原料を好んで使っ

Cuir Ottoman
キュイール オットマン

マルク=アントワーヌ・コルティエッキアトはレザーの香りを愛し、この香水にもふんだんに使っている。当初、一種の素材だけで香水を作ろうとしたが、アイリスとトンカビーンズを加え調合したところ、香りにバランスが生まれた。「野獣をおとなしくさせることができた」とは心熱い乗馬の名手の結論である。

Eau de Gloire
オード グロワール

コルシカの冒険者らに捧げたマキの香り漂う香水が最初に発売されたのは2003年だった。今度新たに発売されたのは10年間熟成させた特別なヴィンテージ版。当初はフレッシュなコロンだったが、今や冬のコロンになった。

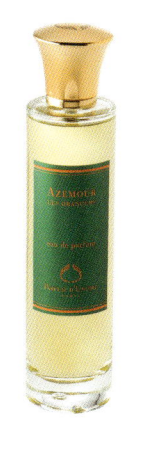

Azemour les Orangers
アゼムール レゾランジェ

海の近くにあった家族のオレンジ畑で過ごした幼少期のモロッコでの記憶から作られたこのシプレーの香水は、果皮や果肉、ハチミツの香りがする葉まで、オレンジの木すべてを使い、スパイス、ガルバナム、ブラックカラントで、香りをさらに豊かにした。

たのもうなずける。最初の作品「オード グロワール」はナポレオンに捧げられたオードトワレ。「いつも、どこからか現われては、原点となる世界を築き上げるコルシカ人に魅了されてきた。ぴったりな香りは何といってもマキ(潅木地、抵抗運動の意)だ」。コルティエッキアトはこのテーマを、シトラスの強いトップノート、数種のアロマティックノートと、タバコとインセンスのベースノートに読み替えた。アニマルノートに贅沢な天然素材を用いた香水は、感覚を揺さぶり、忘れがたい官能に浸らせてくれる。彼のお気に入りはピエールダフリク(ヒラセウムと呼ばれる素材で、火打ち石臭が少しと強いカストリウム臭がする)と、コルシカを思い出させるラブダナム、ヘリクリサムなど毎年ひとつ新作を出し、現在では14種の香水と4種のフレグランスキャンドルを販売している。すべてが記憶や夢から生まれ、物語がある。ヒット作「アンブル リュス」は長年構想を練ってきたので、調香はあっという間だった。ウォッカのトップノートをもつアンバー香水は、瓦解前のロシア帝国のにぎやかな祝祭を表現している。アンバー、スパイス、レザーが混ざり合った香りは、昔に出会った年老いたロシア女性との感動的な思い出をよみがえらせた。彼の調香が間違っていなかった証拠であろう。こつこつと「原点となる世界」を築き、選りすぐりの販売店に卸す一方、時には調香師として企業と契約することもある。たとえば2013年フラパンのために、モヒートのトップノートとブロンド系煙草の乾ききった、衝撃的な香り「スピークイージー」を作った。終わらない会話を約束する香りだ。

ニューウエーブ

The Different Company ザ ディファレント カンパニー
あざやかな腕前

　21世紀を目前にして、"ラグジュアリーの巨匠"2人が刺激的な闘いに挑んだ。妥協せずに、現代的な方法で香水の威信を取り戻すために行動に出た。調香師ジャン=クロード・エレナは2000年に、3つの香りを構想し、素材を磨きあげて香水を調合している。それが「オスマンチュス」「ローズ ポアブレ」「ボア ディリス」である。"確かな目"に恵まれ、そのクリエイティブな才能で香水業界で知られていたデザイナーのティエリー・ドゥ・バシュマコフは、重厚感のあるピラミッド型キャップのついたエレガントなガラスのボトルをデザインして、ザ ディファレント カンパニー（TDC）のすっきりしたグラフィックと調和するように図った。「時代と調和したフランスの高級香水ブランド」。発売当初からフランス国内外での商品の開発と販売促進を指揮してきたルック・ガブリエルは、そう表現する。現在TDCはパリの直営ブティックやプランタンの香水売場ラ ベル パルフュムリなどを含め、世界450ヵ所の販売店に商品を出している。

　ジャン=クロード・エレナはエルメスの専属調香師になる以前に、TDCで幸福感あ

Different people
ディファレント ピープル

ティエリー・ドゥ・バシュマコフ（上）とルック・ガブリエル（下）。調香師のジャン=クロード・エレナとともにこの妥協なきブランドを立ち上げた創設者。

Tasting glass
テイスティング グラス

2005年以来、ザ ディファレント カンパニーの店舗を訪れた客は、大きなワインテイスティンググラスで香水を嗅ぐことができる。良好なヴィンテージ物の香水をこうして味わうと、香りが変わらずに保たれていると同時に、グラスの大きさで増幅される香りを感じとれる。ムエットでは完全に感じとることはできないと心得ている、高級香水ブランドならではの名案である。

Sel de Vétiver
セル ドゥ ベチバー

天と地という光景を、香水で表現したいと考えたのは、セリーヌ・エレナだった。ベチバーのウッディでモイスティなスモーキーノート。温かみとフレッシュさの、官能的な融合。

L'Esprit Cologne
レスプリ コロン

エミリー・コッパーマンに委ねられたこのシリーズが目指したのは、エスプリという言葉に込められている。レスプリコロンは流行のコロンに違った角度から取り組んでいる。ベースノートに新たな要素が加えられ、香りが私たちをふわりとさせる。「シェンヌドランジュ」「トーキョーブルーム」「リモンドゥ コルドーザ」「アフターミッドナイト」「サウスベイ」。火で艶だししたガラス瓶と重厚な金属の、洗練された詰め替え用ボトルもある。

ふれる「オスマンチュス」や、野性味を垣間見せる「ローズ ポアブレ」、アイリスルートの土の香りと甘美なつやを層にした「ボア ディリス」を作り上げた。「ベルガモット」も素材に対する一味違ったアプローチの作品だ。彼の娘セリーヌ・エレナは、父の優れた仕事を受け継ぎ、「セル ドゥ ベチバー」「スブリーム バルキス」「オリエンタル ラウンジ」「ダイヤー&フルール」を生み出し、独特の詩的なタッチで「クラシック」コレクションを充実させた。ガブリエルは他に2つのコレクションを作った。ひとつは「レスプリ コロン」と呼ばれる、エミリー・コッパーマン（シムライズ）に委ねた、物語のあるオードトワレ。もうひとつは「エクセッシブ」で、香水とは"バランスが不安定なもの"と捉える調香師ベルトラン・ドゥショフールが開発した、素材と個性の際立つオードパルファンだ。2010年からは流行素材アガーウッドから着想を得て、2つの香水「ウード シャマッシュ」「ウード フォー ラブ」に力を注いだ。オリエンタル ウッディでエキゾチックな「オーロール ノマード」がこれに続く。さらに、上品な雰囲気の香水を愛する人のための、4種の植物のキャンドルからなる2シリーズ「レーヴ」「モダン ハウス」が誕生。コーティングされた美しい茶色のガラス器に入れられたキャンドルの香りは、コリーヌ・カシャン、デルフィーヌ・ジェルク、アレクサンドラ・モネ（ドローム）の作品である。

世界の都市から

ここで紹介するフランス以外のブランドには、100年以上続く老舗もあれば、21世紀初頭に登場したブランドもある。いずれも世界中のファンを魅了しており、世界の多くの地域で販売されている。愛好家は口コミで販売店の情報を得ることもあるが、ほとんどはインターネットでも調べられる。

世界の都市から

シルエット 確かな目をもつプロ、ローリス・ラメは人のシルエットの形をしたボトルのコンセプトとデザインを生み出した。

ボンド ストリート 9 番地 ブランド名はニューヨークの旗艦店の住所。シンプルで国際的で、この大きな街を歩くのが大好きな人ならば誰でも親しみをもつ名前。

Bond No. 9 ボンド・ナンバーナイン
ニューヨークのエッセンス

　愛する街ができると、人は詩や写真や絵など様々な方法で自由に、情熱的に愛を表現する。ニューヨークに25年間暮らすフランス人ローリス・ラメは、この街への愛を人々と分かち合う新しい方法を考え出した。各地区を香水で表現し、香りの賛辞を捧げるというアイディアだ。大きな賭けだったが、かつてフランスで古美術商を営んでいた彼女は強い意志をもっていた。美と芸術を愛し、パリの美術学院エコール デュ ルーブルを卒業していた。そんな彼女は香水・美容業界に入り、ランコムの国際トレーニング部門の責任者になり、後にニューヨークの会社コスメアでランコムのエステサロンを監督するようになる。香水の虜になり、神秘の薬は人生を変えられると確信したラメは、アメリカに進出したばかりのアニック グタール ブランドの経営を引き受け、6年後にはクリードに入った。ニューヨークに捧げる香水ラインを作る構想にこだわり続けた彼女は、2003年にコンセプト、アプローチ、イメージのすべての点で従来とはまったく異なるブランドを立ち上げた。2001年9月11日を経験してから、ラメが目指すものはただひとつ、ニューヨークのエネルギーと、誰もが思うダイナミズムを再現した香水を提供して、こ

New Haarlem & Chinatown
ニューハーレムとチャイナタウン

2003年、ジャズを愛するモーリス・ルセールはハーレムを題材に、バニラとトンカビーンズのベースにラベンダーとコーヒーを調合。2年後、オレリアン・ギシャールは「チャイナタウン」をテーマに、ウッディなパチュリベースにグルマンなシスタス香水を思い描いた。

74

Bond No.9 Signature
ボンド ナンバーナイン シグネチャー

ローラン・ル・ゲルネック（IFF）の生んだ、東洋と西洋が巡り合う香水。ベルガモットの強い存在感とともに、ウードが非常に新鮮に仕上がっている。

The Scent of Peace
セント オブ ピース

ニューヨーク最大の地区、「誰もが住みたいと願う"平和"と呼ばれる場所」とローリス・ラメは説明する。調香師ミッシェル・アルメラックはフレッシュなムスクとブラックカラントの香りを選んだ。世界中でブランド売り上げの1位を獲得したベストセラー。

キャンディフレグランス　光沢あるラッピングペーパーで包んだキャンディのようなミニボトルで、ブランドの香水をいろいろと試すことができる。

の街に再び良い香りを漂わせること。ノーホー地区の音楽街ブリーカー ストリートと並行するボンド ストリート9番地に事務所があったことから、ブランド名はボンド・ナンバーナインとなり、旗艦店が置かれた。ニューヨーク各地区を表現するオードパルファン コレクションに加えて、顧客が選んだ香りをその場でブレンドし、好きな小瓶に入れるプレミアム商品「プライベートボンド」も販売。さらにキャンドルや、棒状のキャンディ状に包装したサンプル、豪華なギフトボックスに入ったポケットスプレィ、高級フレグランス、幅広いボディケア用品を取り揃える。ローリスの想像力と空想力も尽きることはなく、毎年新しい商品が生まれている。一度見たら忘れないデザインの瓶がボンド・ナンバーナインのトレードマーク。星の形から人のシルエットを想像したラメによるデザインで、アンディ・ウォーホルの名を冠した香水もデザインされている。香水に関しては「調香師にすべて委ね、何の制約も指示も与えず、ニューヨークから着想を与えてくれる地区を自由に選んで香水を作ってもらう」という。とはいえ実は、一貫したテーマがひとつだけある。ローリスは濃厚でオリエンタルな香りやパチュリに目がなく、冬にはウード ウッドの香りに浸るのが好きなのだ。

世界の都市から

Floris フローリス
メノルカ島からウェストミンスターへ

　2030年へタイムスリップした光景を想像してみよう。ジャーミン ストリートは興奮に沸き立ち、さらにロンドン全体が、この通りを代表する店のひとつであるフローリスの創立300年を祝うお祭りムードであふれている。ジュアン・ファメニアス・フローリスが理髪店兼櫛・アクセサリー製造業者として成功を収めようと、生まれ育ったメノルカ島（当時はイギリス領）から強大な統治国にやって来たときには、こんな日を迎えようとは想像もしなかったにちがいない。それどころか今では会社の本部があるジャーミン ストリート89番地の建物の破風(ペディメント)に名前が刻まれ、子孫がその名を世界中に広めていることすら思いもよらなかっただろう。すべては、彼が子どもの頃に親しんだ地中海の香りを恋しく思い、それを思い出すために数種の香水を調合して、得意客に販売したことから始まった。この小規模ながら熱い思いの創作活動は、すぐにビジネスマンや貴族院議員とその家族など、セント ジェームズ界隈の常連の間で評判になった。1820年に王室御用達となったフローリスは、様々な祝賀行事に合わせて王室に敬意を表する方法を心得ていた。1860年には、2年後に計画されていたヴィクトリア女王の即位25年を

300年の若さ
香りの聖地があるのは、ロンドン、上品なセントジェームズ地区、ジャーミンストリート89番地。

White Rose ホワイト ローズ
この香水は19世紀初めにジョン・フローリスによって作られ、2004年に再び発売された。ローズの香りにカーネーションとバイオレットでニュアンスが加えられている。わずかなアルデハイドとグリーンノートがローズの庭に続く待合室の役割を果たし、アンバーとパウダーのベースノートにカーネーションがちりばめられている。ネルソン提督も愛人のハミルトン婦人に贈った。

Victorious ビクトリアス
英国人のスピリット、勝利を手にしたときの清々しい感動や、その後のやすらぎを表現している。マリン、シトラス、フローラル、ウッディ、オリエンタルの5種類の香りの系統を調合した。イギリス人女性ならではの文化の融合。

No. 89
1951年発売のNo.89は、ジャーミンストリートにあるフローリスの番地から命名された。伝統的な「英国紳士」の香りであるこのクラシックなオーデコロンは、シトラスのトップノート、フローラルのミドルノート（ゼラニウム、ローズ、イランイラン）に、スパイシーウッディノート（ナツメグ、サンダルウッド、セダー、ベチバー）が融合されている。

伝統の継承者 元主任調香師シーラ・フォイルは、3世紀にわたる何百もの香水の処方を管理し、日々新たに積み重ねて伝統を管理してきた。

祝うため、「ブーケ ドゥ・ラ・レーヌ」を作った（だが、1861年に夫のアルバート公が逝去し、祝典はなかった）。1926年にも、将来の女王エリザベス2世の生誕を祝福して、花の香りあふれる香水「ロイヤルアームズ」を生み出した。2012年には同女王即位60年を祝って改訂版「ロイヤルアームズ ダイアモンド・エディション」を発売する。シーラ・フォイルはフローリス一族の9代目とともに、店内のミュージアムに展示されている帳簿に記された過去の処方を見つめながら現在の調香を創り、「プライベート コレクション」「フローリス クラシックス」などを生み出していた。彼女はまずヤードレーで訓練を受け、その後スイスのジボダン調香学校に入り、ロベルテでグラース周辺の香料を探る任務につき、さらに香水の特徴を消費者に伝える言葉を分析するなど、調香師の仕事と香水にまつわるあらゆる専門技能を身につけてきた人物だ。「このブランドはちょうど一周まわって元に戻ってきた」とシーラ・フォイルは語る。そしてあふれる情熱と原料へのこだわりをたずさえて、「イギリス香水業界の真髄」フローリス ブランドのリニューアルに取り組んでいる。

世界の都市から

Sebastian Fischenich & Tobias Müksch
セバスティアン・フィッシュニヒ（左）とトビアス・ミュクシュ（右）

ドイツのケルンを本拠地とする香水ブランドの創始者。

Humiecki & Graef フミエッキ & グレーフ
抽象芸術のレッスン

　この風変わりなブランド名は誰も正確に発音できないが、現在はニューヨークに住み活動するベルリン出身の2人の調香師セバスティアン・フィッシュニヒとトビアス・ミュクシュの手法とぴったり合致する。2人は2008年、香水ごとに悦びから怒りまで人間の感情と結びつけるという独特な哲学に基づいて香水作りを始めた。発音が難しい名前がつけられ、アーティストが撮影した、テーマとなる感情を表現する写真が添えられている。名前は芸術的センスと感覚によって選ばれ、意味と同じくらい語感も重視されているので、言葉の意味を掘り下げようとしても無駄だ。ポーランド語や古英語もあれば、最新作の「オーラデューズ」(輝く水)のように日常的に馴染みのある言葉を使うこともある。ここでは香水の名前と定義を書き留めておこう。「クレマンシー」は誇り、「アスキュー」は怒り、「ブラスク」は信頼、「スカーブ」はメランコリー、「ゲスト」は激しい愛、

Askew アスキュー
ポーランド語で「怒り」を表す、音も語意も香水としては風変わりな名前。柔らかくスモーキーなレザーノートに、ジンジャーで辛さを加えたベチバーを乗せた。コントラストで楽しませてくれる香り。

Candour カンドゥール
優しくなでるようなアーモンドとバニラのベースノートの上に、柔らかなカモミール、バイオレットリーフのグリーンノート、ドライセージ、ローレル、ラベンダーを重ねた、親近感を表す香水。まるで2つの魂が出会って時が止まったかのように、柔らかく、温かく、包み込む香りが互いに近づいていく。

Eau Radieuse オー ラデューズ
オーデコロンの新しい像。生き生きとして上品なシトラスに、シャキっとしたルバーブと、竹の樹液、グリーンバナナがわずかに混ざっている。

「オー ラデューズ」は欲望、「マルティプル ルージュ」は狂気、「カンドゥール」は親近感、ベストセラーの「ボスケ」は満足感、と今の瞬間を表す香水になっている。ベチバーとムスクの温かいベッドの上に混じりけのないスイセンが広がり、甘い花の香りが私たちを釘づけにする。

　2008年以来、こうした言葉を香りに書き換える作業を引き受けているのは、クリストフ・ロダミエルとクリストフ・ホーネッツの2人の調香師ユニット「クリストファーズ」だ。感情(エモーション)とは、同時並行的に起こるいくつかの感覚(フィーリング)の連続だという考えに立ち、2人は古典的なピラミッド型の香調モデル（トップ、ミドル、ベース）を捨て、星形の構図を採用した。それぞれの香水は、感覚に呼応した数種類のアコードに結びついているが、必ずしも調和させようとしているわけではない。わかりにくいとしても、心配はご無用。手法を完全に理解する必要はない。肝心なのは感情とそこから湧きあがる美しい香りに出会うこと。たとえば「スカーブ」は、角のとれたアロマティックなアブサンの香りがスラブの魂のメランコリーを表しているが、最初は当惑させられる。だが、優美な香りは荒削りであると同時に柔らかく、日増しに優しく芳しいベースノートの虜になるだろう。シンプルな瓶も、コンセプトの点で中身に負けず重要だ。ガラスの瓶は感情の色を示すために透明になっている。瓶の縁に巻かれている香水名を記したリボンは中世の証書から着想を得ており、重要な古い巻物をくるむ小さな紙を思わせる。栓は金属を使うこともあれば木や磁器を使うこともある。香水ごとに高級版があり、ドイツで手づくりされた磁器の瓶に入っている。フミエッキ＆グレーフは、視覚からも感情に迫ってくる。

79

世界の都市から

L'Antimatière ランティマティエール　この香りの魔法は"非香水"的な印象を与えて私たちを戸惑わせる。ムスクとアンバーグリスのベースノートだけで作られているため、トップノートはほとんど感じられず、時間が経つにつれて抑制された、心そそられる香りの要素が姿を現し始める。イザベル・ドワイヤンは、パラドックスとリアリティで並ぶ者のない巨匠、ホルヘ・ルイス・ボルヘスの作品から着想を得た。

Les Nez レネ　ウルトラニッチ

　"レネ（鼻・名調香師）"という端的な名称のブランドを立ち上げたのは、ドイツ系スイス人ビジネスマン ルネ・シッフェルレだった。チューリッヒ出身で、家業の木製家具の世界で長く働いてきた人物である。香水とどんな関係があるのか？　そのつながりは決して浅いものではない。彼が最初に香りに衝撃を受けたのは、幼い頃の家具の展示会でのこと。母親は得意客に感謝の気持ちを示すために、息子らから顧客に香りの贈り物を届けさせようと考えた。最初はニナ リッチの「レール デュ タン」のミニチュア、次はグレの「カボシャール」。こうして香りに出会った7歳の少年の心は、驚きで一杯になった。大人になっても香水に魅かれる気持ちは衰えなかった。木材に塗るラッカー

The Unicorn Spell
ユニコーン スペル
霜に覆われた土のようなバイオレットリーフの香りは、まるでハリー・ポッターの世界から出てきた神秘的な森を想像させる。イザベル・ドワイヤン作。

Let Me Play the Lion
レット ミー プレイ ザ ライオン
辛口のスパイシーウッドノートとスモーキーなインセンスが、ライオンのように吠える。名前はシェイクスピアの『真夏の夜の夢』の一節からとられている。手の込んだ香りにご注意を。イザベル・ドワイヤン作。

Manoumalia マヌマリア

サンドリーヌ・ヴィドーには、香水を使った即興表現の豊富な経験があった。2000年、パリの国際コンテンポラリーアートフェア（FIAC）ではフレグランスソープで作った泡を飛ばし、カイロ博物館では古代エジプトの香料キフィを再現した。彼女は先祖から伝わるウォリス諸島の香り文化と香水を結びつけ、白い花の首飾りと儀式のときに髪にちりばめるサンダルウッドの削りくずの香りを混ぜ合わせた。サンドリーヌは2013年7月に亡くなったが、才能あふれる調香師の幻影はこの白い花への賛歌のなかにいつまでも生き続ける。

のにおいに夢中になり、2004年には自分の工房で香水を「つぎはぎで作った」という。試みは失敗に終わったものの、シッフェルレの好奇心は募るばかりだった。2006年、彼は世界中の調香師の作品を展示する香水のギャラリー、レネを設立した。調香師を選ぶ条件は、ラース・フォン・トリアー監督の映画のように、それぞれが自らの信条（ドグマ）を大切にしていることである。

最初の4つの香水は、アニック グタールでの繊細な調香でおなじみのイザベル・ドワイヤンに委ねた。往々にして内気な人物には大胆さが潜んでいるものだが、イザベルのなかにも芸術的な実験への強い渇望があり、それをレネで発揮してみせた。2010年、今度はニューカレドニアを拠点とする調香師サンドリーヌ・ヴィドーが、エスニックな香水を届けた。次の"香り"については、ベチバーとバニラのアコードが基本になることしかまだわかっていない。

世界の都市から

大英帝国の身だしなみ
木の壁板と床、カーペット、数々の香水とキャンドル、アンティークラベルの陳列。ペンハリガン、コヴェントガーデン本店へようこそ。

Penhaligon's ペンハリガン まさに最高

　誇り高い英国には、誇りに思うだけの理由がある。国の歴史や文化と切っても切れない素晴らしい香りの伝統をもつ、世界最古の香水ブランドのひとつを生みだしたからだ。それはとにかく英国的。最初の香水が生まれたのは1872年、ロンドンで理髪屋を営むウィリアム・ペンハリガンは、ジャーミン ストリートの自分の店に隣接するトルコ式風呂からヒントを得た。強い個性をもつターキッシュローズの香水「ハマン ブーケ」は当時からすでに、トルコ式風呂から出た後でペンハリガンの店で髭を剃る上流階級の英国紳士を魅了していた。これが香水店としての起源である。その後すぐに数種類の香水が生み出され、瞬く間に伝説となった。そのひとつがマルボロ公爵の宮殿から名前をとって1902年に発売された「ブレナム ブーケ」。シトラスピールの香りのブーケにパインニードルとわずかなブラックペッパーの香水は、ウィンストン・チャーチルが何年にもわたって愛用し、その後も男女を問わず1960年代以降に生まれた現代のダンディをも魅了し続けている。活力と安心感を与えてくれること間違いなしの成分のおか

Juniper Sling
ジュニパースリング
調香師オリヴィエ・クリスプ（フィルメニッヒ）は、1920年代ロンドンの有名なドライジンカクテルを香水にしようと、ジュニパーベリー、オレンジブランデー、シナモンのほとばしるトップノート、スパイシーでウッディなレザーのミドルノート、官能的なベチバーとアンブロキサンのベースノートを調合した。グラスの縁に添えるブラックチェリーのように、甘いグルマンノートがほんのりと香る。

Peoneve ピオニーヴ
世界が憧れる英国庭園は、多くの芸術家に霊感を与えてきた。オリヴィエ・クリスプは木靴を履き、庭仕事用手袋をつけ、シャクヤクとブルガリアンローズの新鮮なグリーンノート、なめらかな香料ヘディオンと官能的なウッドノートのあふれるこの美しいブーケを摘み取った。

Sartorial サルトリアル
サヴィルロウ16番地のテーラー「ノートン＆サンズ」の工房から着想を得たベルトラン・ドゥショフールが、フゼアをモダンに仕上げて作った華麗な香り。バイオレットリーフ、ペッパー、ジンジャーとカルダモン、アルデヒド、ラベンダーとレザー、パチュリとトンカビーンズ、オールドウッドエフェクト。蜜蝋の香りも感じるって？ そう、かつて紳士のスーツの紐をコーティングするために使われていた。

Iris Prima アイリス プリマ
この香水のためにアルベルト・モリヤスは、イングリッシュナショナルバレエの踊りと空気を体感した。そこで出会い学んだことから、この香りを生み出した。クールなベルガモットのトップが、足を滑らすグリサードのようにアイリスとジャスミンのフローラルなミドルに移り、革のトウシューズはもちろんレザーノートへと着地する。

げで、アロマセラピー的な恩恵もある。作家ラドヤード・キップリングや政治家ロイド・ジョージが何を身につけていたかといえば、当然、ペンハリガンの香水である。1903年、当時のアレクサンドラ王妃の化粧品御用達となり、現在はエディンバラ公と皇太子の御用達を務めていた。商品には38種類の男性用香水、1976年以降に加わった女性用のシングルフローラル、オリエンタル、シプレー、シトラスの香水、そしてもちろん初期の香水を復刻したアンソロジー コレクションがある。

　19世紀の建物の空間、建築、比類なき魅力をそのまま活かしたコヴェント ガーデン店は、1972年にオープンした。ごく最近までボトルの包装は地下で行われていたが、店の成功にともない作業部門はハンプシャーに移転した。現在ペンハリガン ブランドはロンドンに8店舗、国内の他の地域に6店舗、ドバイ、マカオ、香港、そして多くの有名百貨店の売り場（ニューヨークのサックス フィフス アベニュー、パリのル ボン マルシェ、ロンドンのハロッズ）で販売されている。ヨーロッパ大陸初の店舗は2006年、パリのサントノレ通り209番地にオープンした。ここも19世紀の建物で、木の壁板の温かみと、英国的な過ぎ去りし日の香水商の趣きがあり、本店の雰囲気を再現している。

世界の都市から

Santa Maria Novella サンタ マリア ノヴェッラ
修道院から継承した、清らかな香り

　フィレンツェのスカラ通り 16 番地にある オフィチーナ プロフーモ ファルマチェウティカ（香りと薬の工房）。ここは香水と歴史（一般の歴史であれ、キリスト教の歴史であれ）が刻まれている愛好家の巡礼地。フィレンツェ最古の薬局は 1221 年、ドミニコ会の修道僧による調剤活動から始まった。最初の数世紀は修道士の診療所の役割を担い、慣例として自分たちで育てた薬草から作る様々な飲み薬、軟膏、酢で病気を治療していた。治療薬は次第にリキュールなどにも広がり、あらゆる病の治療に使われた。16 世紀のベストセラーのひとつに、コストマリー（バルサムギク）を調合した、鎮静効果、鎮痛効果のある飲料「アックア アンティステリカ」がある。1612 年にようやく薬草店として市民にも開放されたが、やがて 1 世紀もたたないうちにその名声は、国境を越えてロシア、中国、インドまで広まった。修道院が伝説になったのは、なんといってもカテリーナ・デ・メディチがフランス王家のアンリ 2 世に嫁ぐ際に、薬剤師でもあった修道士が、「アックア・デッラ・レジーナ」を調合した功績によるだろう。

　それはフィレンツェ出身の王妃が好んだ柑橘系の香りがした。この "アックア デッラ レジーナ（王妃の水）" は今も「クラシカ」という名前で知られ、アックア・ディ・サンタ・

時空を超えた旅
フィレンツェの修道院に隣接する古い家族経営の香水店を訪れる人々にとっては、メディチ家の街で歴史の香りを堪能することも楽しみのひとつ。2012 年までは写真（上）の位置にあったカウンターが、現在は 1612 年当時の位置に戻された。

Acqua di Santa Maria Novella Profumo
アックア・ディ・サンタ・マリア・ノヴェッラ・プロフーモ
このクラシックな香水のオリジナルレシピは、カテリーナ・デ・メディチのために作られたことで知られる。レモン、ベルガモットにホワイトフラワーと数種のスパイスを合わせた。

Pot-Pourri ポプリ
フィレンツェ近郊の丘から集められたハーブ、花のつぼみ、花びらの混ざったポプリは、他にはない唯一無二の香りが評判で、最も人気のある商品のひとつ。家を香りで満たすために、持ち帰りたい一品。

Sala Verde サーラ ヴェルデ
14世紀に建てられ、18世紀のネオクラシック様式で装飾されたこの緑の間は、17世紀には、客人をもてなす重要なサロンであり、フィレンツェの歴史が凝縮されている。壁には創業以来、代々の薬局長の肖像画が飾られ、修道士として最後のダミアノ・ベーニ以降は、ステーファニ家代々の薬局長の肖像画が掛けられている。

マリア・ノヴェッラ・プロフーモとしてカタログに載っており、オーデコロンの原点といわれる。1867年に、最後の薬局長修道士が甥のチェーザレ・アウグスト・ステファニを新所有者として、市との賃貸契約を結ばせ、1871年にステフェーニ家による民間経営へ移行させたことで、営業断絶の危機から免れた。高い品質と、今に伝わる原料加工の職人技を融合し、グローバル化の潮流とは一線を画している。商品は世界各国で販売され、2012年には創業400周年を記念して、歴史ある店舗のオリジナル装飾を修復し、大理石の床やフレスコの汚れを一掃し、木製のカウンターは1612年当時の位置に移動させた。創業当時、薬草店だった奥の部屋のショーケースには1800年後半〜1900年初頭にかけて、現存する昔のパッケージも展示されている。

店のポプリは自家栽培のハーブと花を混ぜて作られている。花はトスカーナ地方で栽培され、30日以上熟成される。ここでは何より伝統が重んじられている。

販売ホールは昔、修道士たちに命を救われたダルダノ・アッチャイオーリが、お礼に建立したアッチャイオーリ家のプライベート礼拝堂で、守護聖人サンニッコロのフレスコ画が描かれていたと伝えられているが、現在その画はもうない。ホールの隣には小さな聖具室があり、現在も壁一面にキリスト受難の歴史がフレスコ画で描かれている。昔は蒸留水を保管していたので「水の部屋」と呼ばれ、また一時期は図書室のように、カトリックや香りに関する本が置かれていたこともある。聖具室は予約なしでも見学ができる。

世界の都市から

イタリアの香水

　ニッチな香水の王国があるとしたら、それはイタリア。イタリアには古い小さな修道院の数と同じくらい多種多様な香水が存在する。15世紀、グラースで手袋に香水をつけるよう注文したことで香水の地位を高めたのは、ほかでもないカテリーナ・デ・メディチだったことを思い出せば納得できる。イタリアでは多くの街や地方ごとに独自のブランドがあり、現在でも独立香水企業が約300社存在する。これはイタリアの販売経路が他国に比べて大きなチェーンに集中していないからこそ可能だといえる。伝統的手法にとらわれない香水作りではイタリアは今もなお最もダイナミックな国で、毎年3月にミラノで開催されるエクサンスと、9月にフィレンツェで開催されるピッティの2つの国際展示会からも、その実力がうかがえる。もしイタリアのすべての香水ブランドを網羅する目録を作ろうとするなら、それはイタリアからアルプス山脈を越えて国外までカバーする全種類のパスタの目録を作ろうとするようなものである。ここでは、すでにある程度の期間イタリア国外でも販売されているいくつかのブランドの名前を挙げておく。

Profumum Roma Acqua di Sale
プロフムム ローマ アクア ディ サーレ

ローマ

Profumum Roma プロフムム ローマ

　ベストセラー「アクア ディ サーレ」は、太陽のような明るい花のブーケを潮と海のヨードでリフレッシュした、官能的な夏への素晴らしい招待状。最初の香水は、1996年に生まれた。デュランテ家が提供する香水には、シトラス、ウッディ、スパイシーノートに加えて、濃厚でフルーティなグルマン系の香りもある（イチジクの香りの「イクヌーザ」や「ヴァニタス」）。各瓶はたっぷり100mlサイズで、賦香率は30%以上と高い。

　最新作「ロザエ ムンディ」はローズ、バチバー、サンダルウッド、パチュリのウッディなベースノートを融合し、完璧な香りの軌跡を描いている。この上質なローマのブラン

Profumum Roma Rosae Mundi
プロフムム ローマ　ロザエ ムンディ

86

香水瓶の一生
フィレンツェのロレンツォ ヴィロレージの調香工房。

Wild Lavender ワイルド ラベンダー

ドは、イタリア国外では主なヨーロッパ諸国（現在ドイツ、イギリス、スペイン、ベネルクス3国、フランスに8店舗）とアメリカの厳選された香水店で販売。

フィレンツェ
Lorenzo Villoresi ロレンツォ ヴィロレージ

　ロレンツォ ヴィロレージは、ウンベルト・エーコの小説『薔薇の名前』の登場人物を演じたらしっくりきそうな人物だ。もともとは東洋の宗教史を研究していたことから、中東の香水に夢中になった。その情熱が高じてついに調香の道に進み、スパイス、アンバー、レジン、インセンス、熱帯の樹木などの香りが濃厚な、オリジナル香水を作り上げた。一族が所有する、フィレンツェのアルノ川を見下ろす邸宅で上流階級の顧客を迎え、オーダーメイドの香水を調合している。コレクションには愛好家の間で人気の、「ワイルド ラベンダー」などクラシックな手法で調合された香水もあれば、より現代的な処方で作られた豊富な種類の香水と家庭用ポプリもある。

カプリ
Carthusia カルトゥージア

　伝説は1380年、カプリ島のカルトゥジオ修道会のサンジャコモ修道院で始まった。島を訪れたナポリのアンジョー家のジョヴァンナ王妃のために、修道院長は美しい花を集めてブーケを作った。伝説によると、花を活けていた水は数日たってもまだ良い香りを放っていたという。修道院長はすっかり感動した。そして調香を学んでその香りを

Carthusia カルトゥージア

87

世界の都市から

Carthusia Fiori Di Capri
カルトゥージア フィオーリ ディ カプリ

再現し、最初の香水を作った。カルトゥージア ブランドは1948年にこの古い調香の処方箋を再現して誕生した。カルトゥージアの香水はすべてカプリ島にゆかりがあり、多くの場合、島を象徴する素材を使って島内で製造される。さらには、ボトルに購入者の名前を刻んでくれるという気配りもある。最初の香水「フィオーリ ディ カプリ」は極上のフローラル シプレーの香りで、トップノートはピリッとしたスズランとベルガモット、ミドルノートはオークモスに覆われたイランイランの明るいフローラルノート。ジャクリーヌ・ケネディ・オナシスも愛用者だった。

ミラノ
Etro エトロ

ここでも香水は家族の物語。1968年、エトロの創始者ジンモ・エトロは、高品質の生地（絹、デシン、サテンなど）を使ったミラノ製ペイズリー柄の服飾ラインとテキスタイル、室内装飾品と小さな革製品を売り出した。香水は1989年に登場し、以来その他の商品と同様にジンモの4人の子どもら、ヤコポ、キーン、イッポリト、ヴェロニカによって管理されている。最初の香水「ベチバー」「サンダロ」「アンブラ」「パチュリ」は、現在出ているコレクションの最新作「ラジャスタン」を含む全25種のなかでも定番になっている。パリでは主要な観光地、サン ジェルマン デ プレとフォーブール サントノレに2店舗を構える。同じミラノのコスチューム ナショナルと同様、エトロも主な欧州諸国（ドイツ、イギリス、スペイン、ベルギー、ルクセンブルク、オランダ）、アメリカ、ロシア、中東で発売している。

Etro Ambra アンブラ

Etro Sandalo サンダロ

Etro Vetiver ベチバー

Etro Patchouly パチュリ

Costume National コスチューム ナショナル

　1986年、山本耀司と働いていたエンニョ・カパサが設立したブランドは、時代を超えたスタイルを提示している。最初の3つの香水「セント」「セント シアー」「セント インテンス」は2002年に発売された。コレクションには現在、ドミニク・ロピオン (IFF) によるスパイシー フローラルの最新作「ソー ヌード」を含む8種類がある。販売網としてヨーロッパ、ロシア、アメリカを選び、特にファッションの店舗を中心に卸している。

試してほしい他のブランド

　ポジターノのシレヌーセ ホテルの魅力に着想を得たオー ディタリー、2003年に新しいイメージでブランドを再構築したアクア ディ ビエラ、ボワ 1920 (「リアル パチュリ」の香水にはファンクラブもある)、1888年ボローニャに設立のカサモラーティなど。

スペシャル コレクションと ヴィンテージ

ここ数年、メジャーな香水ブランドが、過去の実績や現在活躍中の調香師からの影響を受け、高級"コレクション"を次々と開発し、旗艦店や特設の売り場で販売している。また、受け継がれてきた伝統の香りを、情熱的な企業家が復活させたヴィンテージは、現在の新たな香りの勢力図のなかで、自らの正統性を証明してみせている。

スペシャルコレクションとヴィンテージ

Armani / Privé アルマーニ プリヴェ
香水の本質

　ジョルジオ アルマーニのラベルがついたプレタポルテが世に登場してから30年後の2005年、イタリアの天才デザイナーは「アルマーニ プリヴェ」を掲げ、初めてのランウェイショーを開き、オートクチュールの世界に足を踏み入れた。素材と形の創造性を重んじ、何よりも生活に根ざすアートで名を成す強い決意をもつアルマーニは、すでに数多くのライセンスを取得していた。香水は彼の帝国拡大の初期に登場し、1980年には、アルマーニ パルファンはロレアルグループと契約を交わした。調香パレットは、出身地イタリア、そして自らのルーツと文化に結びついた地中海の生活そのもの。シトラス、アイリス、バルサム、ウッドをたっぷりと含む、乾いた、鉱物質の、光あふれる香り。彼の作る服のようにおおらかで垂直的、明確な構造と深い味わいの香水が生まれた。

　1982年の女性用香水「アルマーニ」、1984年の「オー プール オム」に続いて「ジオ」、そして大ヒットとなった男女兼用の「アクア ディ ジオ」が発売された。幅広いグループブランドのなかでは、エンポリオ アルマーニが独自の表現による香水を作っている。最初の1998年「エンポリオ アルマーニ ヒー／シー」は服飾ラインと同様に落ち着いて優雅で

Figuier Eden フィギエ エデン
アルマーニは楽園の香りを再現した。「フィギエ エデン」はイチジクのグリーンノートを中心に作られ、歴史の神秘の庭園に捧げられた香水。

La Femme Bleue
ラ ファム ブルー
2011年に同名のランウェイショーを飾ったこの香水は、アルマーニの愛するブルースの交響曲。個性の強いモロッコのアイリスとイタリアのアイリスという2つの香りの組み合わせにインセンスを加え、豊潤な女らしさと官能性を表現した。

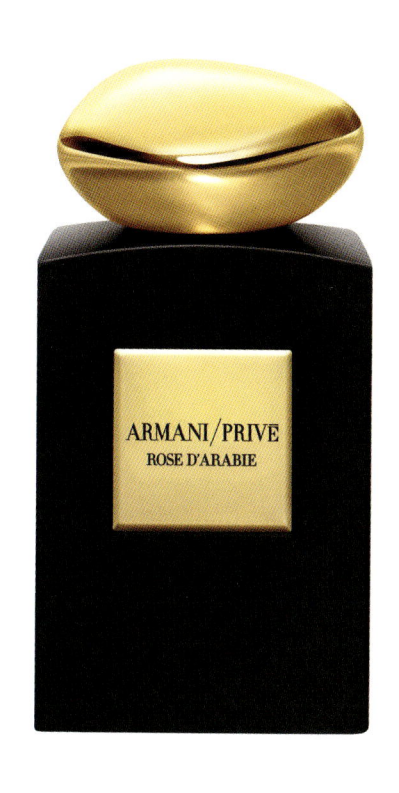

Bois d'Encens ボワ ダンサン
シニョール ジョルジオ・アルマーニが初めて作った非常に個人的で親密な香水。彼の作品を特徴づける気高さが凝縮されている。オリバナム、ベチバー、ペッパーを中心としたシンプルな構造。混じりけのないお香そのものの香り。

Rose d'Arabie ローズ ダラヴィ
『千夜一夜物語』に着想を得たデザイナーが、砂漠の入口、そしてさらにその向こうへと空想を運んでくれるダマスクローズ（ロサ ダマセナ）への賛辞を表した。パチュリと力強いウッドの香りと組み合わされたサフランがブレンドされ、ローズ ダラヴィ（アラビアのバラ）はアンバーベースの上に官能性を花開かせる。

官能的な香り。一方で「プリヴェ」はオートクチュール（高級服）そしてオートパルフュムリ（高級香水）という別世界へと私たちを導く。"高級"とは、肌に直接触れる服飾と香水という2つのスタイルで目指すべき地位であり、その名に恥じない作品を世に送る"責任"を伴う。アルマーニ プリヴェを立ち上げる前に、デザイナーは自身と友人のためだけに、思い出がたっぷりと詰まった限定品を作ることに決めた。それが2004年に発売された「ボワ ダンサン」で、壮麗なカトリックの教会と清めの儀式から自然に発想を得て作られた。この香水から、デザイナーはさらに洗練された、より汎用性のある香水コレクションへと視点を移した。そして生まれた「オー ドゥ ジェイド」「ピエール ドゥ ルーン」「エクラ ドゥ ジャスマン」「アンブル ソワ」「キュイール アメジスト」などのアルマーニ プリヴェ「ラ コレクション」と、「ローズ ダラヴィ」「ウード ロワイヤル」「アンブル オリヤン」などを含む「ミユ エ ユヌ ヌイ（千夜一夜）」は、アルマーニの香りのスタイルとパレットの真髄を明らかにした。さらに忘れてはならないのが、世界中の神秘的な庭園の名前を付けた、香水でめぐる旅、「フィギエ エデン」「ローズ アレクサンドリー」「オランジェ アルハンブラ」「ベチバー バビロン」。そしてとりわけ、デザイナーの春夏コレクションのショーを象徴した香水、2011年の「ラ ファム ブルー」と、2012年の「ナクル」である。

スペシャルコレクションとヴィンテージ

Caron キャロン　情熱を継承して

　ヘアケア製品「フィトソルバ」、ボディケア製品「リーラック」を創設したパトリック・アレスは、1998年に植物に深く根差したブランドの「キャロン」を買収。そこにはエルネストとフェリシーの伝説を受け継ぐ意思があった。ロシア移民のエルネスト・ダルトロフは、才能ある化学者で香水専門家である。兄と香水会社を設立しようと、パリ北部アスニエールの高級雑貨と香水を販売する小さな会社を買い取り、1904年に登記した。ある日、この創造力豊かな天才は、婦人用帽子の若きデザイナーのフェリシーと出会う。彼女は、エルネストに運と幸せと創造力をもたらした。1906年、キャロンは初めての香水「シャントクレー」を、続いて女優グロリア・スワンソンに絶賛された、オレンジフラワーとベルガモットの「ナルシス ノワール」を発売する。どの商品にもフェリシーの存在があった。彼女が創作した「ネメ クモワ」（私だけを愛して）という香水を、女性たちはハンカチに振りかけて、前線に向かう兵士らに送ったという。彼女はブルガリアンローズで繊細な香りをつけた最初のパウダーを考案していたが、これは今日でも最高級品である。見事な事業展開は、名香「タバ ブロン」「ニュイ ドゥ ノエル」、飛行士エレーヌ・ブシェールに捧げた「アナヴィオン」、極上の花束「フルール ド ロカイユ」、1934年に初の男性用香水「プール アン オム ド キャロン」へと続いていく。F・ミッテラン、J・シラク、N・サ

Emotional fountains

エモーショナル ファウンテン

2011年、「アナヴィオン」「ファルネシアーナ」「タバ ブロン」などの名香で知られるキャロンのフォンテーヌ コレクションに「デリール ドゥ ローズ」が加わった。キャロンのブティックを訪れる顧客は、気品あるクリスタル ファウンテンのブロンズの注ぎ口に香水瓶をあて、魅惑的な逸話をもつ香水を数オンス量って購入できる。

一族の鼻(ネ)

調香師の息子であり、孫であり、父親であるリチャード・フレイスはメゾンキャロンの名調香師。

Sélection Caron: keys to the house
セレクション キャロン、メゾンの鍵

5つの香水は、今も昔もキャロンの世界へと女性を誘う。
「エメ モワ」は1916年に誕生し、ドミニク・ロピオンが1996年に再現したフローラル パウダリー。
「ノクチュルヌ」は1981年発売のフローラル アルデヒド。
「パルファム サクレ」は1991年、ジャン=ピエール・ベトゥアールが作ったオリエンタル ウード。
リチャード・フレイスが調香した2つの香水――「マイ イラン」は、極めて官能的なバニラのベースノートにイランイランを中心にホワイトフラワーがにぎやかに広がる。
「ピウ ベロージャ」は、1927年の「ベロージャ」を現代風にフローラルでスパイシーにした爽やかな香り。

ルコジ、S・ゲンズブールらセレブリティが、ラベンダーとバニラを調合した男性用香水をまとった。パトリックの息子ロマン・アレスは「たくましい香り」と形容する。まるで宣伝の顔であるラグビー選手セバスチャン・シャバルの体格のように。

　エルネストは第二次世界大戦中、アメリカへの亡命直後に亡くなった。処方ノートが残され、それを基にフェリシーと主任調香師ミシェル・モルセッティは「ロワイヤル バンドゥ キャロン」「ファルネシアーナ」「ポワヴル」を開発し「アンフィニ」「ヤタガン」「ノクターン」など美しい香水を次々に手掛けた。1998年の買収で、パトリック・アレスが専属調香師として採用したのがリチャード・フレイス。フレイスの祖父は1873年にヤードレーの「イングリッシュ ラベンダー」を生み、父は1925〜1978年までランバン香水の企画者として、かの「アルページュ」などを作った。アレスにとって家族は神聖で大切な存在であり、香水の決め手となる植物の品質へのこだわりも同じである。1949年作「オール エ ノワール」が、今もブルガリアンローズエッセンスを12%も含むことは特筆すべきである。2011年発売の「デリール ド ローズ」は、ロワール渓谷にあるアレス夫人の壮麗なローズ園でフレイスが着想を得て誕生した。彼はエルネスト・ダルトロフが最も愛した花の美しさを引き出すために、たとえばローズの花びら一枚一枚までも吟味した。

スペシャルコレクションとヴィンテージ

Cartier カルティエ　香水の時間

　格式あるジュエリーメゾンの歴史は、1847年、28歳のルイ=フランソワ・カルティエがパリのモントルグイユ通り29番地にあった宝石工房を師匠から継いだときにまでさかのぼる。フランス第二帝政時代の人々は彼の宝石に夢中になり、時をおかずヨーロッパやロシアの宮廷が、数ヵ月後には大西洋の反対側の人々が続いた。しかしカルティエが香水に着手したのはようやく1981年、アラン=ドミニク・ペランの指導下でである。そして誕生したのが、グリーン フローラルの爽やかさでこのオリエンタルノートのジャンルを一新した「マスト」だった。カルティエは2005年、ラ ペ通り13番地の歴史的な店を改装し、専属調香師としてマチルド・ローランを起用した。ローランはジャン=ポール・ゲランの元弟子で、アクア アレゴリアの「パンプルリューヌ」「ハーバ フレスカ」など評価の高い香水を手掛けた。顧客は、マチルド・ローランのオフィス兼ラボで、「香りのバイオグラフィ」の診断を受け、オリジナル香水を調合してもらう。最近では男性

Mathilde Laurent
マチルド・ローラン
専属調香師のマチルド・ローランはレ ズール ドゥ パルファン コレクションでその詩的センスを余すところなく表現している。

輝きに包まれた香り
ラ ペ通り13番地のブティックの大階段。歴史ある宝飾店はオーダーメイドの香水も提供する。

IV Heure Fougueuse
ウール フグーズ

馬の厩舎のような雰囲気が、ドレサージュ（馬場馬術）の準備を整えたリピッツァナー種の馬を思い起こさせる。干し草とアニマル レザーのアコードに、マテ茶のグリーンノートで爽やかさを加えている。

VII Heure Défendue
ウール デファンデュ

気楽なパチュリと温かい木の香りを土台にビターカカオのアブソリュートを乗せた。チョコレートの香りに目を見張る。

XII Heure Mystérieuse
ウール ミステリウーズ

「秘密への誘い、ささやきの香り」とマチルド・ローランは語る。新鮮なベリーに続いて、気まぐれなインセンスが貫き、ジャスミンとパチュリへと続く。

用の「ロードスター」「デクララシオン」、女性用の新作「ベーゼ ヴォレ」も発表している。

　燃えるようなブロンドの髪が印象的な調香師は、2009年からルール ドゥ パルファンという高級香水コレクションに挑んでいる。13種類の"香りの時間"はメゾンのウォッチメイカーとしての側面とも共鳴し、カルティエ ウォッチの特徴であるローマ数字が瓶に描かれている。「I ルール プロミス（約束の時間）」「VI ルール ブリリアント（輝ける時間）」、そして危険と可能性を秘めた13番目の時間「XIII ラ トレジエム ウール」はスイセン、マテ茶、レザーのアコードで、2010年のFIFI賞でパフューム クリエイターズ賞を受賞した。

　2010年にウール「フグーズ」「ディアファン」「デファンデュ」、2012年に「ヴェルテューズ」が続けて登場した。ひとつひとつがサルバドール・ダリの描いた「やわらかい時計」のように、調香師の詩的な想像力で語られ、空想世界の扉を開ける。マチルド・ローランは簡潔ながらしっかりした構造の調香処方でバランスよく仕上げる完璧な技術をもち、その手で磨きをかけて選りすぐられた素材には、鋭いスタイルが表れている。

　さらに3つの"時間"が作られて12本の香水が揃えば、このコレクションは時計の文字盤と同じ数になる。1日が48時間あればよいのにと思わせるのも、めったにあることではない。

スペシャルコレクションとヴィンテージ

JacquesPolge
ジャック・ポルジュ
1978年からシャネルの専属調香師を務める。

Les Exclusifs de Chanel レ ゼクスクルジフ ドゥ シャネル
芳香への希求

　シャネル N°5。上質な素材が凝縮した、大胆で抽象的な香り。1921年にエルネスト・ボーがこの有名な香水を誕生させて以来、カンボン通りの店舗は休みなく遺産を発展させ、長年にわたる記念碑を打ち立ててきた。世間では多くが称賛されているものの、なかには特定の人物に向けた香りもあった。2007年、ブランドの特徴的なコレクション「レ ゼクスクルジフ ドゥ シャネル」が発表された。ひとつひとつの香水が、マドモワゼル シャネルの人生と時代を回想して作られている。1978年からシャネルの専属調香師を務めるジャック・ポルジュが考案した新しい香水が、定期的に追加されているが、調香師にとって、ブランド創設者の精神を損なうことなくプロジェクトを成功に導くのはさぞ責任の重いことだろう。歳月とともに原料の素材がゆがめられたり省かれたりすれば、原点の思想が希薄になり損なわれていく。細心の注意を払いながら、独創的で活力あふれた女性の一瞬一瞬新しい香水を通して描き、伝説の世界へ足を踏み入れてゆく。最初の調香師エルネスト・ボーは「N°5」「N°22」「ガーデニア」「ボワ デジル」「キュイール ドゥルシー」などの傑作を調合し、フレグランスメゾンとしての名声を確立した人物

Jersey ジャージー
男性の仕事着のジャージで、もっと女性的な曲線を描くことができないだろうか。1910〜20年頃、ココ・シャネルはそのアイデアを実現した。ジャック・ポルジュはラベンダーで同様の挑戦をした。自分の探し求めるラベンダーをモンペリエ近郊で見つけ、何も混ぜないで蒸留し、それにムスク、ローズ、ジャスミンをブレンドして、バニラとトンカビーンズのベースノートと組み合わせた。官能的かつ上品な香り。

Beige ベージュ

砂や、未漂白の布、肌の上に落ちる影の上品さを愛していたココ シャネルのお気に入りの色のひとつ。雨に濡れたサンザシの生垣から着想を得て、ハチミツの香りのするフローラルブレンドに、インドソケイ、ユリ、ヘリオトロープ、ジャスミンで活気を与えた。ジャック・ポルジュは「白さを強調したホワイトフラワーのブーケ」と表現する。

28 La Pausa ラ パウザ

アイリス パリダをベースに優雅に作り上げた「ラ パウザでの夏のように、シンプルだがラグジュリアスな香水」とジャック・ポルジュは話す。品質も、アイリスが含まれる割合も非常に高い、まさに贅沢な香水。途切れることなく生産するために、シャネルはグラースに畑を取得し、トスカーナから輸入したこの珍しい品種を育てている。花はプロヴァンスで確実に根付いているようだ。

だが、ボーを紹介してくれたロシアのディミトリ大公に、シャネルは熱烈な愛情を抱いていた。シャネルを象徴する場所の香水もある。「ベル レスピロ」は、ガルシュの別荘のベージュの壁、黒の鎧戸が彼女の色彩を彷彿とさせる。「ラ パウザ」は、1928年に南フランスのマントンに建てた別荘からつけられ、隣国イタリアからフローラルが漂う。そしてプロとしての地位を確立した通り「31 リュ カンボン」、高級ホテル リッツが面したヴァンドーム広場の宝飾店の番地「N° 18」は彼女が驚くほど多彩な顔を見せた場所だった。ポルジュはシャネルで働き始めて以来、黒と白を愛した偉大な女性の足跡をたどりながら、彼女ならではの芳香への探究に理解を深めてきた。時代の先端をいく女性が明日に望むものを予測して、今日の選択をする。ココ・シャネルが服飾で吟味したように、ポルジュも素材で香りを奏でる。原料は各々異なり、時には驚きをもたらす格別さだが、ポルジュは最新の革新的なテクノロジーをためらうことなく用いて本質を捉えている。

スペシャルコレクションとヴィンテージ

La Collection Privée Christian Dior
ラ コレクシオン プリヴェ クリスチャン ディオール

特別な記憶

　クリスチャン・ディオールの香水は、オートクチュールの「ニュールック」が誕生した1947年に劇的に登場した。その香水こそ、シトラスノートが生き生きと香り立つ伝説のフレグランス「ミス ディオール」。時代にあった香りの楽譜をディオールは書き続け、「ミス ディオール」から「ジャドール」「プワゾン」「ファーレンハイト」「オー ソバージュ」まで、名香のラインナップが勢ぞろいした。「ラ コレクシオン プリヴェ クリスチャン ディオール」の構築はメゾン専属の調香師フランソワ・ドゥマシーに委ねられた。目指すは天才クリスチャン・ディオールの物語を自由に表現すること。彼の創作には、着想の源となった様々な出会い、愛、友情、深い洞察、場所、幸運の鍵がちりばめられている。コレクションは香りの記憶。そして「花はディオールで、ディオールは花」とドゥマシーが説明するように、植物標本さながら花であふれている。情熱や感情すべてを表現するために、ドゥマシーは最高の原料を選んだ。まるで時が止まった瞬間を集めたコレクショ

ブランドの真価
フランソワ・ドゥマシーはオートクチュールの巨匠、クリスチャン・ディオールのイメージと、歴史の世界に足を踏み入れた。ブランドの精神は、彼の香水に静かに浸透している。

Oud Ispahan ウード イスパハン
1931年、若きクリスチャン・ディオールははるか彼方の東洋の市場で素材と香りを発見した。この官能的な感覚は、生涯彼から離れることがなかった。2012年にドゥマシーによって作られた、激しくはないが酔わせるようなオリエンタルウッディの香水にもその感覚が顔を見せている。ウード、ラブダナムアブソリュート、ダマスクローズ、の、とても濃厚な香り。

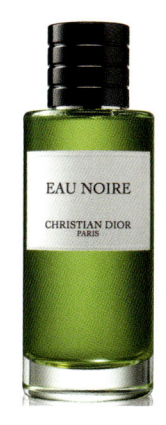

Eau Noire オー ノワール *
2004年フランシス・クルジャン作の「オー ノワール」を、ドゥマシーは「明暗のあるラベンダー、男性用に近いオリエンタル」と評した。ほのかにウッディなラベンダーのフラワーノートとタイムのブレンド、リコリス、ブルボンバニラ、ヴァージニアセダーのベースノート。抗いがたい、うっとりとさせる香水で、手放しがたい。

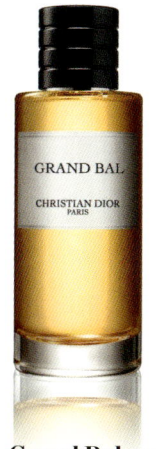

Grand Bal グラン バル
クリスチャン・ディオールは、大舞踏会には欠かさず姿を見せた。彼の創造力はエレガンスが何よりも重要で、夜の華やかさと大胆さに染められていた。ドゥマシーは「グラン バル」（2012）で当時の壮麗さと官能性を帯びて輝くために、グラース ジャスミンを贅沢にブレンドした。

Under the sign of CD CDのサインのもとに、ディオールのラ コレクシオン プリヴェ クリスチャン ディオールで使われる一流の素材は、偉大なデザイナーへの敬意を表している。

ン。期待に胸ふくらませて開けば、そこには心動かす珍しい素材、生き生きと封じ込めた自然、美しさ、そして狂気の瞬間が見出せる。日常であれ特別な瞬間であれ、多くのインスピレーションを引き出すために、ドゥマシーはデザイナー、ディオールの足跡をたどり、敬意を払いながらも現代的な視点を注ぎ込む。生家グランヴィルの海のしぶきとハリエニシダの花から濃厚なオリエンタル ラベンダーへ続く「オー ノワール*」からは、リュンブの別荘の庭やプロヴァンスを歩く情景が浮かんでくる。「ニュールック 1947」は、デザイナーに捧げたチュベローズを核にイランイラン、ローズ、ジャスミンのブーケに驚かされる。ディオール最愛のミューズ「ミッツァ*」は、しなやかでウィットに富んだ女性像から、ドゥマシーはアンバーとスパイスにインセンスで濃厚さを加えた香水を作り上げた。ディオールへの追憶は、モンテーニュ通りの旗艦店と厳選された店舗で毎年新たに登場する。コレクシオン プリヴェは、安定感ある黒い栓をした優雅なシリンダーボトルにしっかりと守られ、控えめにCDの刻印がある。次世代へ受け継がれる洗練された感動の遺産、伝統、創造的手法が再び注目を集めている。　　*）日本未発売

スペシャルコレクションとヴィンテージ

3人の女神　アンヌ、アニエス、フランソワーズのコスタ三姉妹は、父親が始めたブランドをモダンに変えた。

Fragonard フラゴナール
ボトルのなかのプロヴァンス

　真夏のグラース。世界中から訪れた旅行客が、香りの土産物を求めてフラゴナールの3店舗を行きかう。約50種類の香りがあらゆる形態で販売され選択肢に富んでいる。フラゴナールの香水は現在もすべてフランス産で、グラースの工場で作られる。実際、"メイド イン グラース"こそが、創立者ウジェーヌ・フックスが1926年リヴィエラ海岸で旅行客相手にフレグランスを販売し始めたときのモットーであり、哲学だった。彼は古い街の中央にあった香水工場を買い取り、グラース出身の画家にちなみフラゴナールと名付けた。ジャン=オノレ・フラゴナールの上品な作風を、フックスは称賛していた。

　この古い工場は現在ブランド最大の店舗となり、付属するミュージアムでは昔からの蒸留器やボトル、シベットを運ぶのに使われていたコブウシの角などの骨董品から、現在も使われている器材まで様々な道具が展示されている。こうして販売店と、香りの歴史と、貴重な展示品が一体になっているのも"フラゴナール風"なのだ。1970年になると経営が近代化され、同時にウジェーヌ・フックスの孫で芸術を愛するジャン=フ

Fleur d'Oranger
フルール ドランジェ

フローラルとウッディの2つの香りの系統を探求するナチュレル コレクションは、主張ある香りをテーマにした香水のコレクション。フルール ドランジェもそのひとつだ。広告にではなく、上質な素材に集中的に投資されている。フラゴナールの伝統的な金属缶「エスタニョン」に入ったレフィルもある。

Tilleul Cédrat ティユル セドラ
2013年に発表された新しいコレクション、ル ジャルダン ドゥ フラゴナールは、世界中の庭園のエスプリをとらえた香水。それぞれに、テーマとなっている庭園を象徴する2つの素材の名前がつけられている。ティユル セドラはプロヴァンスのボダイジュとシトロンの爽やかな庭の、新鮮な空気を届ける。

Soleil ソレイユ
ジャン・ギシャールが手掛けた「ソレイユ」はオードパルファン コレクションから誕生したヒット作。真昼の太陽を浴びたグラースの花畑をとらえた香りは、2000年に初代フランソワ コティ賞を受賞した。

ランソワ・コスタが、香水業界に関連した芸術作品の大規模なコレクションに着手した。
　現在は彼の3人の娘、アンヌ、アニエス、フランソワーズがブランドの舵をとっている。そう、フラゴナールはいまだに100%家族経営の企業である。姉妹は展示に関してもその伝統を受け継ぎ、2008年には衣装と宝石のミュージアムを、そして2011年には18世紀のグラース出身の画家3人の作品を収めたヴィラ ミュゼ ジャン＝オノレ フラゴナールをオープンした。パリには、スクリブ通りと旧カプシーヌ劇場の2ヵ所にフラゴナール香水ミュージアムがある。ブランドは装飾品、ファッション、テーブルウェアにも幅広く展開しているが、商品カタログの中心はやはり香水。"リヴィエラ"の空気を呼び覚ますようなフローラル、フルーティ、アロマティックな香水を多数取り揃えている。なかには1930年に生まれた「カレス」、戦後に出た「ビエ ドゥー」といったブランド初期のヒット作を現代風に復刻したものもある。「フルール ドランジェ」を作ったダニエラ・アンドリエと、「ソレイユ」「ベル ドゥ ニュイ」を作ったジャン・ギシャール（いずれもジボダン）は、ブランドの忠実な調香師で、この3作はベストセラーとなった。定番商品以外に、「ヴェルヴェーヌ」「ミモザ」など極上の素材を使ったナチュレル オードトワレ コレクションがある。プロヴァンスを想像させる香りが100%フランス産である。

スペシャルコレクションとヴィンテージ

Guerlain's Collections Exclusives
ゲラン エクスクルーシブ コレクション
世襲の伝承をさらに豊かに

　1853年、現在に続くゲラン家の先祖ピエール・フランソワ・パスカル・ゲランが、ウジェニー皇后にオーデコロンを納め、皇室御用達の称号を与えられたことから、すべてが始まる。1889年の「ジッキー」、1912年の「ルール ブルー」と、このメゾンは近代香水の歴史で偉大な役割を果たすことを証明した。"狂乱の20年代"には「シャリマー」がエキゾティシズムという新しい息吹をもたらし、オリエンタルという香水ジャンルを切り拓いた。そして今日「ラ プティット ローブ ノワール」が、少女のままの女性と女性らしさをもつ少女の肌を誇らしげに飾っている。若い女性向けの最新香水が売れ筋となっているのは、約2世紀の歴史をもつ老舗メゾンにとっては嬉しいことだろう。

　ゲラン香水の基準は、ゲルリナーデと呼ばれるバニラ、バルサム、トンカビーンズのアコードにある。設立から185年以上の間に800種類を超える香水を発表してきた偉大なブランドが、高級ラインのプライベート コレクションを作る選択をしたのは然るべきである。2005年、ゲランはシャンゼリゼ通り68番地の店舗を建築家のマキシム・ダンジャックとインテリアデザイナーのアンドレ・プットマンに委託して改装し、このコレク

Thierry Wasser
ティエリー・ワッサー

ジャン・ポール・ゲランの後を継いだワッサーは、初のゲラン家出身ではない5代目調香師。

シャンゼリゼ通り68番地

1914年にオープンした本店。現在は歴史的建造物に指定されているビルの1階は、ゲランのパフュームが一望できる殿堂になっている。

ラール エラ マティエール（アート＆マテリアル）　各香水が、香りの世界を象徴する原料から着想を得て作られている。「ローズ バルバル」「アンジェリーク ノアール」「ボワ ダルメニ」「アイリス ガナッシュ」「クルーエル ガーデニア」「トンカ アンペリアル」「スピリチューズ ドゥーブル ヴァニーユ」そして最新作の「ミール エ デリール*」がある。

Cour des Senteurs -Versailles
クール デ サントゥール ヴェルサイユ
ウジェニー皇后のためにデザインされ、皇室を象徴するミツバチが彫られたボトル（125㎖）に入った、高級ヴィンテージ香水。マリー＝アントワネットが愛したジャスミンの花がふんだんに香る「クール デ サントゥール ヴェルサイユ」は、ヴェルサイユ店で限定販売されている。

ション専用の空間を設けた。メゾン初の香水の殿堂は、巨大なシャンデリアを香水が取り巻く壮麗な展示だった。2013年末にリニューアルされた内装には香りのインスティテュートが組み込まれていた。

　主任調香師ティエリー・ワッサーは、開発責任者を務めるシルベーン・ドラクルトと2008年から新コレクション「ラール エラ マティエール」という格調高い素材を用いた調香パレットを披露している。「エリクシール シャルネル」は、同じグループのカードを集めるゲームのように、官能性に満ちた香りの仲間を集めたコレクション。「シプレー ファタル」「オリエンタル ブリュラン」「ボアゼ トリド*」「グルマン コキャン」「フローラル ロマンティック」からなる。このほかに、世界中の都市を香りでめぐる官能的な途中下車の旅、「モスクワ*」「ロンドン*」「トウキョウ*」「シャンハイ*」「ニューヨーク*」がある。

　ゲランは時代を超えた香水の創作を通して、メゾンのもつノウハウを伝えている。たとえば"レ パリジャン"は「ダービー」「シャマード プール オム」「ラム ダン ヒーロー」など伝説の名香コレクションで、木枠に入った手製ガラス香水瓶で提供される。レトロなミツバチ模様のボトルに収められたヴィンテージ香水の"レ パリジェンヌ"も、同様に伝統を伝えている。新作香水も限定で発表され、年末のホリデーシーズンが近づくと特製ボトルが登場し、このブランドとフランス産クリスタル会社との親密な関係を思い出させる。「良い製品を作り、決して品質に妥協しない」と創業者が力強く説いた金言は、ゲランの高級路線の香水に一言一句刻まれている。

*）日本未発売

スペシャルコレクションとヴィンテージ

Jean-Claude Ellena ジャン゠クロード・エレナ　2004年からエルメスの専属調香師を務める。グラース近郊のカブリの工房にて。

Hermessence エルメッセンス・コレクション
エルメス 香りの秘密

　2004年にエルメスの専属調香師に就任したとき、ジャン゠クロード・エレナはすでに輝かしい経歴を築いていた。彼のスタイルの特徴は、香りの撞着語法 oxymoron（ザ ディファレント カンパニーの「ローズ ポアブレ」2001）や、ブルガリの「オ パフメ オー テ ヴェール」（1992）でティーノートを使いジャンルの先駆けになったように、常識にとらわれない素材への傾倒、そして何よりもシンプルを極めた調香の処方が挙げられる。歴史ある馬具工房エルメスには、男性用のウッドとレザーの香水「ベラミ」（1986）など、優れた香水の伝統もある。1979年に調香師のフランソワーズ・キャロン（高砂香料）が作り、現在は「オー ドランジュ ヴェルト」として知られる有名な「オーデコロン エルメス」は、その刺すような辛口の香りが世界中で愛されているが、それはこの香水が高級ホテルのバスルームの定番として選ばれていることも大きな理由のひとつだろう。常に"旅先

Brin de Réglisse
ブラン ドゥ レグリス

レグリス（甘草）がラベンダーによってリフレッシュされ、また反対にレグリスがラベンダーをフレッシュにしている。どちらが勝ることなく、拮抗しあいながら肌に残る。2007年作のエルメッセンスの1本は、レグリスという気高く濃厚な香りの植物に再び光をあて、それ以降の香水に間違いなく大きな影響を与えた。

Osmanthe Yunnan
オスマンサス ユンナン

北京の紫禁城を散歩しながら着想を得たこの香水は、オスマンサス（キンモクセイ）という中国の花のアプリコットのような香りにお茶のウッディスモーキーノートを合わせることで、サッカリンっぽい甘さに陥らずに仕上げている。スモーキーで、陽気で、驚きを与える香り。

巧みに描かれた香水 エルメッセンス・コレクションで、ジャン=クロード・エレナは優れた原料の詩的な側面をとらえた。

Épice Marine エピス マリン
ミシュランの星をもつシェフ、オリヴィエ・ローランジェとの尽きない会話から誕生した11番目の香水。グラース出身のエレナが愛するスパイス（クミン、カルダモン）とブルターニュの潮風がミックスし、驚くほど熱い要素と冷たさが巧みにバランスをとりあっている。北海のブルーに染められたレザーケースには外洋のエスプリも込められている。

の香り"と捉えられてきたエルメスの香水に不動の地位を与えるために、エレナはすぐにブティックのみで紹介するコレクション「エルメッセンス」に着手し、「ポワーブル サマルカンド」「ローズ イケバナ」「ベチバー トンカ」「アンブル ナルギレ」の4作品を発表した。日本的な美意識を愛する彼は、コレクションの香りひとつひとつを俳句のようにとらえている。俳句は「一息より短く、読む者に予測もつかない喜びをもたらす」。自らを"香りの略奪者"と呼ぶ男にとってこのコレクションは、素晴らしい素材を賛美するために技術の限りをつくし、職人らしいシンプルさで美を極めた、個人的な賛美歌のようなもの。コレクションは最初から、流行も採算も度外視して作られた。「各々の香水がスタイルと、個性と、想像力をもち、決して単なる商品になり下がってはいけない」。調香師の感性を凝縮したコレクションは、カンヌ、モナコ、フォーブール サントノレ通りの店舗を頻繁に訪れる美の信奉者らを魅了した。香りが肌に残る時間が短いとの不満もあるが、信奉者らは新作発表を固唾を呑んで待ち構えている。素材名をそのまま冠した香りは、オスマンサス、パプリカ、レグリスのようにあまり知られていない原料に光をあてる。思いがけない組み合わせが人を驚かせ、問いを投げかけ、心を動かす。エルメッセンスは一見シンプルだが、調香師の魔法がかけられている。

スペシャルコレクションとヴィンテージ

Jean Patou ジャン パトゥ　歴史の感性

　ジャン・パトゥがオートクチュールと香水の世界で過ごした時間は悲しいことに短かったが、若くしてこの世を去った魅力的な審美眼の持ち主は、人を惹きつけるシルエットと、数多くの忘れられない香水で、今も色あせない革新的スタイルを残した。彼は史上初めてコレクションに自分のイニシャルをつけ、初めてのサンオイル「ユイル ドゥ シャルデ」を考案した。そでの短いジャージのカーディガンを初めてデザインし、テニス選手スザンヌ・レングレンのためにミニスカートをデザインし、スキーやセイリング用品をデザインしたのもジャン・パトゥだった。今日フレンチスタイルのスポーツウェアが存在するのはパトゥのおかげである。オートクチュールの歴史にも輝かしい足跡を残している。彼のオートクチュールは1919年、サンフロランタン通りの壮麗な邸宅に始まり、デザイナーのクリスチャン・ラクロワが去った1987年に終わりを告げた。香水制作は1925年、アンリ・アルメラが生んだ前途有望な3つの作品（「アムール アムール」「クセジュ」「アデュー サジェス」）から始まり、パトゥは開発に力を注いだ。彼にとって美に限界などなかった。最高級の香水瓶会社を起用し、最も高価な香料をつぎ込んだ。1929年の世界大恐慌で破たんしたアメリカの顧客の心を温めるために、グラースのジャスミンとローズ ド メ（5月のローズ）をふんだんに使った、世界で最も高価な香水「ジョイ」を

伝えることで覚醒する
現在の主任調香師トマ・フォンテーヌは、パトゥが作った香水、そして作るはずだった香水を引き継いでいる。

香水のエスプリ
2004年、当時の専属調香師で現在はP&Gに所属するジャン=ミシェル・ドゥリエの支援を得て、カステリオン通りのアーケードにジャン・パトゥの香水に捧げられたブティックがオープンした。パトゥの香水に再びスポットライトをあて、一部の精通した愛好家のために香水を受注制作するという構想だった。デザインにこだわりのあるドゥリエは、訪れた人々が香りを嗅いでその秘密を探るための洒落たガラスのオブジェを考案した。

Eau de Patou オー ドゥ パトゥ
1976年、パトゥはオスモテック創始者でもある専属調香師ジャン・ケルレオが調合した新鮮なオーフレーシュ「オー ドゥ パトゥ」を提案した。エレガントなシトラスのトップノートで始まる非常に軽やかなシプレーの香水は、忘れられない香りの軌跡を残す。専属調香師のトマ・フォンテーヌがエリタージュ コレクションのために再現した。

Chaldée シャルデ
一度、嗅いだだけで、記憶が押し寄せる。ブルターニュの浜辺、ジンジャーブレッドのようにこんがりと日焼けした子どもら、そしてシャルデ サンオイルのうっとりとする香り。1927年、アンリ・アルメラはその香りを香水に昇華させた。オリエンタル、フローラル、バルサムのクセになる香りが帰ってきた。

発表。「ジョイ」はその輝くオーラを保ったまま、2013年に専属調香師トマ・フォンテーヌの手で「ジョイ フォーエバー」へ発展した。風味の強いマンダリンのヘッドノートがアンバー、ウッディのベースノートで和らぎ、現代の女性に「伝わりやすい」香りで、オレンジフラワーが優しく顔をのぞかせる。

　各時代の精神を反映させながらブランドが創作してきた香水は、時代とともにその数が減り、最も象徴的な「ジョイ」「1000(ミル)」「スブリーム」が残った。ジャン・パトゥを大おじにもつジャン・ドゥ・ムウイは、1980〜2001年にかけてこの香りの宝庫（ラコステの香水も含む）を見守り、専属調香師のジャン・ケルレオ、後にはジャン=ミシェル・デュリエの協力を得ながら商品を加えていった。パトゥは2001年、プロクター アンド ギャンブル グループに売却され、さらにその10年後にはデザイナー パフューム社の傘下に加わった。この新たな出発が刺激となり、香水の愛好家である副社長ブルノ=ジョルジュ・コタールの信念に導かれて、2013年に「エリタージュ」コレクションが生まれた。ブランドの歴史的な香水「シャルデ」「オー ドゥ パトゥ」「パトゥ プール オム」などが、より親しみやすいスタイルでよみがえり、現代に受け継がれた。そしてジャン・パトゥが揺り動かした感情は、今も私たちを圧倒し続けている。

スペシャルコレクションとヴィンテージ

Parfums d'Orsay パルファンドルセー
ダンディズム

　13種類の香水、そして2014年に14番目の香水が誕生した。2007年に若き起業家マリ・ウエに買収されて以来、パルファンドルセーは約200年にわたる歴史に現代的なマネジメントの手法を取り入れて、成功を収めた。ところで名前の由来は？　そう、シュヴァリエ（騎士）・ドルセーとは実在の人物だった。画家、彫刻家、そして調香師でもあった19世紀のダンディ。まさに総合芸術家といえるだろう。ある既婚女性のためにフローラル ブーケの香水を作ったこともあった。伝え聞くところでは、この「オー デュ ブーケ」に2人の愛の秘密を守るために何も書いていない青いラベルを貼り、彼女に捧げたという。それからしばらくたった1908年に、オランダとドイツの事業提携者がこの色男の騎士の作った香水に商業的な可能性を見出し、コンパニー フランセーズ デ パルファンドルセーという名称を取得した。そして最初の作品を「エチケット ブルー」（青いラベル）と改名した（この香水は現在もカタログにある）。ブランドはすぐにウビガン、ゲラン、ピヴェールなど、戦間期の偉大な香水会社の仲間入りをした。アンリ・

Marie Huet マリ・ウエ
シュヴァリエ調香師の華やかな歴史を現代によみがえらせた企業家。

La Dandy（Intense collection）
ラ ダンディ（インテンス コレクション）
この女性版ではほのかなピーチが加わり、上品なオリエンタルベースのホワイトフラワーブーケ（イランイランとジャスミン）を現代的にした。官能的な香りのなかに、スパイスが緊張感を与えている。

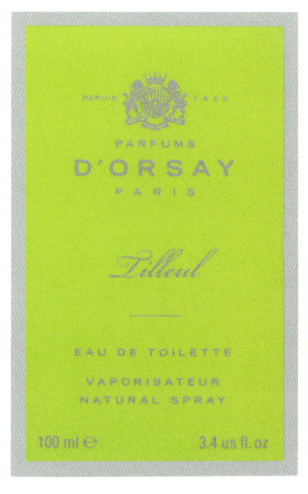

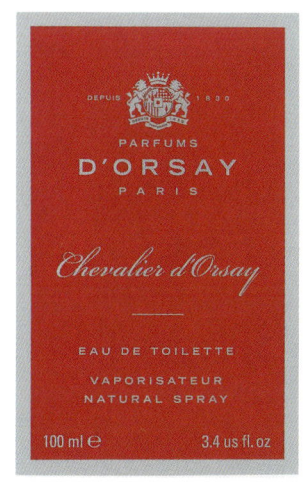

Tilleul（Intemporelle collection）
ティユル（アンタンポレル コレクション）
夏の夕暮れどき、レモンの木と繊細なボダイジュの花のなかを散歩するような香りが、蜜蝋のベースノートの上に広がるこの香水は、ブランドの大ヒット商品。オリヴィア・ジャコメッティはまずこの香水を復刻し、さらにそれをもとに慰めと安らぎを与え、水分を補給する"オードソワン"「ティユル プール ラ ニュイ」を作った。

Chevalier d'Orsay（Intemporelle collection）
シュヴァリエ ドルセー（アンタンポレル コレクション）
この新鮮なオーフレーシュは、かつて体に塗って使われていたコロンから着想した。パチュリとオークモスの軽快なシプレーを土台として、ピリっとしたシトラスの爽やかさにスパイスでさらに鋭さを加えた。

ロベール＊という人物が調合した「オーデコロン ドルセー」「ラ ローズ ドルセー」「ダンディ」などを求めて、ラ ペ通りやイタリアン大通りの大型店舗には客が押し寄せ、1931年には500万本以上も売れた。当時使われていた香水のボトルは、たいていラリック、ドーム、バカラなどによる高級品だった。

　事業を引き継ぐと、マリ・ウエはブランドのDNAを形作る香水「エチケット ブルー」「シュヴァリエ ドルセー」「アローム トロワ」「ティユル」を現代の嗜好に合わせて調合し直した。そして次に、インテンス コレクションとして新しい香水と、ホームフレグランスも発表する。すでに24ヵ国で発売されているが、2014年にはさらにイランなど10ヵ国が加わった。広報面では、特にソーシャルメディアを使ってオピニオンリーダーや顧客との関係を構築している。

　伝統の香水はともすると名前が古臭く聞こえるかもしれないが、古き時代へのノスタルジーという現代の感覚にはよく馴染み、また上質な残り香と、強い個性が独特の魅力となっている。

＊アンリ・ロベールは調香師の息子で自身も調香師。1926～1933年にパルファンドルセーで働いたのち、ニューヨークのコティに入った。その後シャネルでエルネスト・ボーの跡を継ぎ、1955年に「プール ムッシュウ」、1970年に「N°19」、1974年に「クリスタル」を手掛けた。

スペシャルコレクションとヴィンテージ

Robert Piguet ロベール ピゲ　創造的な率直さ

　ロベール・ピゲがスイスの家を出てパリのオートクチュール界でキャリアを築く決意をしたとき、スイスの銀行界は貴重な才能を失った。一方、服飾と香水業界はその才能を手に入れた。最初はイギリスのレッドファーンで、その後ポール ポワレで学び、1933年には銀行家の父親の援助でシルク通りに自分の店を構えた。名声と才能ゆえに野心を抱いたピゲは、パリで流行に敏感な富裕層が集まり、劇場と芸術の中心地であるシャンゼリゼ通りのロン ポワンに、新しいサロンを開いた。実際、ジャン・コクトー、ジャン・ジロドゥ、ポール・クローデル、サシャ・ギトリらの舞台衣裳をデザインした。

　当時のデザイナーがみなそうであったように、ピゲも自分の創造しうる最高級の作品を顧客に提供したいと考えた。そして独自の香水を作る決心をし、その仕事を初の女性調香師で、強烈な個性と飾らない語り口で知られるジェルメーヌ・セリエに託した。彼女が生んだ最初の香水は1944年のスパイシーなレザー シプレーの「バンディ」だった。1947年、セリエはロベール ピゲから「フラカ」を発表し、再び「世間を驚かせる」などという言葉では足りないくらいのショックを与えた。この印象的な香水は様々な嵐

銀行から芳香へ

才能と文化の香りあふれる男、ロベール・ピゲはエレガンスに魅せられ、身につける人の魅力を増すような香りを丁寧に作り、顧客に提供した。

Visa ビザ

1945年に発表されたジャン・カール作の香水。アニマルノートを加えたフローラルアルデハイドの香り。販売期間は短かったが、2007年、オーレリアン・ギシャール（ジボダン）によって復刻されたピゲの香水のひとつ。現代版では少々官能性を抑え、よりオリエンタル、フルーティ、グルマンな香りに仕上げた。

Pacific Collection
パシフィック コレクション
太平洋に着想を得て、アジア市場向けに作られた新しいコレクション。「チャイ」「ブロッサム」「ジュネス」は2012年に発表された、オーレリアン・ギシャール（ジボダン）による女性用香水。

Fracas フラカ
ベルガモットとマンダリンのトップノート、どこまでも官能的なチュベローズ、ジャスミン、ガーデニアのフローラルのミドルノート、サンダルウッドとムスクのベースノート。このジェルメーヌ・セリエによる伝説の香水は、濃厚で非常に女性的な強い残り香を与える。新しい"チュベローズ"の香りが目指すべき最高水準を提示した。

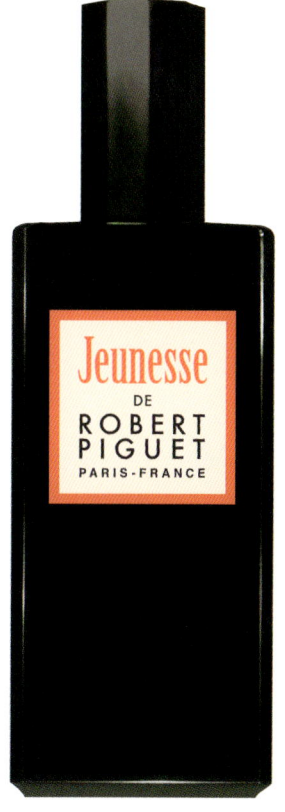

に見舞われたが、それも乗り越えてブランドを象徴する香りであり続けている。

　ピゲは1953年にこの世を去ったが、パフュームメゾンは続き、「カリプソ」「フチュール」「バガリ」「クラヴァッシュ」などの新しい香水を開発した。社会状況の変化にもかかわらずピゲの香水は生き続け、愛好家が注意深く見守るなか、今も世界の香水の歴史で重要な地位を占めている。現在、ブランドを所有するファッション フレグランス & コスメティックスは、相次ぐ買収によりダメージを受けた古いピゲの香水を"修復"することに全力を注いでいる。長い修復過程において、同社はオリジナルの処方を保有していたジボダンと緊密に協力しあった。特に調香師のオーレリアン・ギシャールは現在残されている香水を、可能な限りオリジナルの処方に近づけて作るとともに、1960年に発表されて2009年に復刻したフローラル、グリーンノートの「フチュール」のように、一部の香水には現代的な感覚を取り入れた。アジア向けのコレクションに加えて、2012年には「ボワ ノワール」（2013年に「ボワ ブルー」も発表）「ウード」「カスバ」「マドモワゼル ピゲ」「ノート」の5つの香水からなるコレクションに着手した。すべて同じ、ロベール・ピゲ特有の漆黒のボトルに収まっている。

スペシャルコレクションとヴィンテージ

**Daniela Andrier &
Miuccia Prada**
ダニエラ・アンドリエ（左）と
ミウッチャ・プラダ（右）
コレクションを支える、2人の優れたリーダー。

Essences Exclusives プラダ エクスクルーシヴ センツ
プラダ流儀の対話

　ミラノの皮革製品店であるプラダは、2013年に誕生100周年を祝った。創始者マリオ・プラダは、孫娘のミウッチャと、家名入り製品の成功を誇りに思ったに違いない。ブランドは、上質な素材のプレタポルテ、アクセサリー、ついには香水へと道を切り拓いた。まず1980年代に今や伝説となったナイロン製の小さな黒いバッグに、ブランド名が記された三角形の金属製プレートをつけて売り出した。2003年、4つの優れた素材を使って最初の香水の実験が行われ、ブランドは静かに、だが注目を集めながら香水の世界に参入した。「N°1アイリス」「N°2ウイエ」「N°3キュイール アンバー」「N°4フルール ドランジェ」は、プラダのブティック限定で販売された。これが地上で最も良質な素材を使い、控えめなボトルに入れられたエクスクルーシヴ センツだ。このコレクションは、洗練された香りのパレットの可能性を見事に集約していた。翌年、ミウッチャ・プラダは、香水業界において自分の存在を示すためにアンバーを使って香水を作ることを決めた。「プラダ アンバー」は厳選された商品が並ぶ香水店のディスプレイシェルフにおいて、ブランドを代表する香水となった。リッチで官能的なウッディ オリエンタルの香りに続き、男性版として同様に官能的なフゼアの香り「プラダ マン」を発売。2011年に女性用の

実験的なコレクション

12種類の選りすぐられた香水。最高級の香料に挑み、極めようという数々のクリエイティブな実験と同様に、このコレクションも、束縛も妥協もなく作られた。

Nº 4 Fleurs d'Oranger
フルール ドランジェ

包み込むような雰囲気のフローラルの香水。オレンジブロッサムに、かすかにハチミツの香りがするスズラン、ジャスミン、チュベローズのノートを組み合わせた。肌で温まると香りが和らぎ、ウッディなインセンスのベースノートが感じられる。けれども主張すべきものは最後まで主張し続けている。

Nº 14 Rossetto ロセット

2013年、ピンクのドレスを着た香水が思いがけないキスマークのついたボトルで登場した。ローズとバイオレットの香りただよう過去と、ラズベリーとリップスティックのコスメティックな香りが融合する現在。リップスティックから着想を得た究極のフェミニニティ「Nº14 ロセット」は、その両方の叙事詩。時間を超えた香り。

グルマンノート「キャンディ」、翌年にはラベンダー ベースのなめらかでエレガントな男性用香水「ルナ ロッサ」が登場。1987年、「インフュージョン ディリス」のフレッシュなパウダリー ウッドノートで、新たにインフュージョンシリーズの扉が開かれた。"インフュージョン"（浸出法）とはアイリスなど旧来の原料加工処理・抽出法で、後にオレンジブロッサム、ベチバー、チュベローズにも使われる。閉ざされた印象を与える香水だが、同時に多くを語りかけてくる。このシリーズの多くと、エクスクルーシヴ センツ コレクションは、強い意志をもつ女性2人によって作られた。ミウッチャ・プラダとダニエラ・アンドリエ（ジボダン）は、10年以上ともに仕事をしている。目標に向けて真っ直ぐ進むために、2人は香料、形式、コントラストを巧みに用いて感情を生み出す。合言葉は品質、常に優れた香料を用いること。抽出法がエクストラクトであれインフュージョンであれ、情熱のおもむくまま、いつも自分たちの望む場所にいる。

スペシャルコレクションとヴィンテージ

マルチな才能 トム・フォードはパチュリ、アンバー、バニラを愛し、2007年に始めたプライベート ブレンド コレクションでふんだんに使っている。

Neroli Portofino ネロリ ポルトフィーノ
たっぷりのシトラス、フラワーブーケ、アンバー。男女を問わず称賛されるこの香水の決め手はこの3つの素材。トム フォードは、オリーブオイル、デーツを少々ブレンドし、着想の源泉となった地ポルトフィーノのような、洗練されたボディ用製品ラインを構築した。プライベート ブレンド コレクションからより広く入手可能な商品が生まれた。

TOM FORD Private Blend トム フォード プライベート ブレンド
アイディアのラボラトリー

　誰にでも、自由になれる空間が必要である。ニューヨークのパーソンズ スクール オブ デザインでデザインとインテリアデザインを学び、ファッション界で総責任者となり、時には物議をかもしたトム・フォードは、香水で自分を表現したいという抗いがたい欲求を覚えた。一流を自負していればいつかは悩まされる課題であり、2007年にラグジュアリーなコレクションを発表、自分の立ち位置を明確に表明した。「プライベート ブレンドは私の香りのラボラトリー。ここで香水業界のメインストリームに束縛されることなく、特別で独創性あふれる香水を創造する。プライベート ブレンドは真の香水愛好家のためにデザインされる」。作品が長く使われ続け、本物として信頼を得られるように、トム フォードは昔の薬瓶を思わせる濃い茶色のボトル（50mlのスプレィ）を採用した。洗練された外観はファッション界で"ポルノ シック"で鳴らしたデザイナーの真骨頂。首の部分が丸く、手作業で金のひも飾りが施された250mlボトル（デカンタ）は、トム

Santal Blush サンタル ブラッシュ
オリエンタル スパイシーのトップ、豊かなウッド系（ジャスミン、イランイラン、ローズ）のミドル、まさにサンダルウッドのベースからなる香水は、コレクションでは異端児といえよう。メイクアップ コレクションに合わせてデザインされ、男性にも女性にも合う「眠りに誘うミステリアスな香り」を想定し作られた。

Jardin Noir Collection
ジャルダン ノワール コレクション

良くも悪くもなりうる強烈な個性と魅力をもった花、ローズ、ユリ、ヒヤシンス、スイセンのコレクションが登場した。ライラック色のラベルを貼った漆黒のボトルに入った4つの香水。トム・フォードのジャルダン ノワール コレクション、そのぞくぞくするような官能的な交わりには虜にさせられる。

フォードのラグジュアリーなセンス（と高価な値段）を表現している。こうして雰囲気を作り上げると、フローラル、ウッド、レザーなど、優れた香りの系統に賛辞を呈する作業にとりかかった。香水の核となる素材をブレンドして、特定の場所、瞬間、感覚を呼び起こし、香水をまとう男女を実験の旅へと誘う。1年間で12種類の香水を発表し、欲求のままに香りで遊ぶ香水の上級者を喜ばせた。まさに"ブレンドされた"コレクションであり、香りをまとう人が自分で"ブレンドする"コレクションでもある。バイオレットを中心にしたフローラル シプレーの「ブラック バイオレット」、バルサムが豊かに香るオリエンタルの「アンバー アブソルート」「ボワ ルージュ」「ジャポン ノワール」「パープル パチュリ」「タバコ バニラ」、そして温かく官能的なウッドノートの「ウード ウッド」は、爽快な「ネロリ ポルトフィーノ」と心地よい対比をなす。この地中海の香りは爽快さのあまりボトルが濃い色からターコイズブルーに変わり、ボディ スプレイ「ネロリ ポルトフィーノ オール オーバー ボディ スプレイ」などのボディケア製品のラインでも入手可能になった。トム フォードのお気に入りの素材にムスクを使って女性に捧げられた4つの香水「ホワイト ムスク」など、新たなコレクションも生まれた。2012年には「ジャルダン ノワール」コレクションでフラワーとグリーンの香りが登場し、同年「アトリエ ドリエント」コレクションも続いた。"トム・フォードが導く世界"に、限界はない。

スペシャルコレクションとヴィンテージ

Van Cleef & Arpels Collection Extraordinaire
ヴァン クリーフ&アーペル コレクション エクストラオーディネール
香りの宝石

　1976年、洗練されたフローラル アルデハイドの香水が誕生した。若き調香師ジャン＝クロード・エレナが創作した「ファースト」である。ジュエリーメゾンから初めて発売された香水は、高級宝石業界の豪華絢爛ぶりを見せつけた。ブランドが到達した美の境地と最高級原料を組み合わせて女性をより美しく彩る。ヴァン クリーフ&アーペルにとっては20世紀初頭から宝石職人が培ってきた見事な技が、香水という形で称えられる時が訪れた。女性用（「フェアリー」「オリエンス」「アン エール ドゥ ファースト」）、男性用（「プール オム」「ツアー」「ミッドナイト イン パリ」）いずれもエステル・アーペルとアルフレッド・ヴァン・クリーフの2人の愛情から生まれたメゾンの歴史に着想を得ている。

　高級香水ライン「コレクション エクストラ オーディネール」の構想が現実になったのは2009年のこと。高級ジュエリーラインと、1933年に特許を取得した「ミステリー セッ

Cologne Noire
コローニュ ノアール

マーク・バクストンは、多くの調香師が好むコロンという様式に再び立ち返った。クラシックなシトラスノートにジンジャーやカルダモンといったフレッシュなスパイスを少し加え、「この香りに違う角度から光をあてた」。そして温かみのあるウッディなトーンもすべり込ませた。

植物からの着想

ジュエリーもフレグランスも、ブランドの核には自然がある。

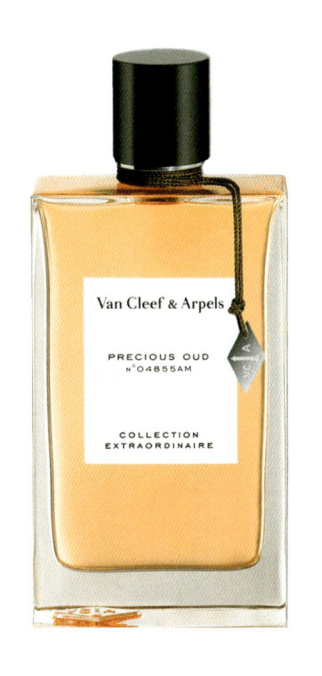

Precious Oud プレシャス ウード
「ウードの力強く魅惑的な性質はそのままに、デリケートで洗練された部分も表現したかった」とアマンディーヌ・マリー（ロベルテ）は語る。調香師は貴重なウード、パチュリ、ベチバー、アンバー、ウードウッドに、お香に燻るジャスミンとチュベローズ ペタルのミドルノートを組み合わせた香水を発案した。

Muguet Blanc ミュゲ ブラン
伝説の香水を生んではいるものの沈黙の花ともいわれるスズランに取り組むことは、常にリスクが伴う。アントワーヌ・メゾンデュー（ジボダン）はこのスズランの香りに「ホワイト ピオニーで刺繍」し、そこにネロリと、ムスクを控えめに加えた上品なホワイト セダーをほんのりとまとわせた。「ブランドの自然に根差した詩情から着想を得て、洗練された雰囲気のなかにスズランを彫り出した」

ティング」と呼ばれる技術によって、ヴァン クリーフ＆アーペルが築き上げた世界最高レベルの専門性に、香水コレクションが自然と共鳴した。ミステリー セッティングとは刃跡を残すことなく石を台座にはめ込む技術で、一握りの職人にのみ伝授されている。完璧な魔法、金細工職人の魔術。たったひとつのパーツを作るのに数百時間が費やされる。メゾンの高級香水部門も当然それと同じ水準を目指して、最高級の素材を扱う調香師らを招いた。彼らはヴァン クリーフの富の源となった"自然からの着想"という遺産を、自由に試しながら創作した。6人の調香師に委ねられたコレクション エクストラオーディネールは、メゾン職人の"黄金の手"で時を超えた芸術となった植物に敬意を表する作品だ。ナタリー・フェステュアー（シムライズ）の「ガーデニア ペタル」、アントワーヌ・メゾンデュー（ジボダン）の「ミュゲ ブラン」、ランダ・ハマミ（シムライズ）の「オーキデ ヴァニーユ」、ナタリー・セトゥー（IFF）の「リス カルマン」、エミリー・コッパーマンの「ボワ ディリス」、そしてマーク・バクストン（当時シムライズ）の「コローニュ ノアール」がこの祝祭に集った。まるで青々と茂る庭園のなかの散歩。2011年には、アマンディーヌ・マリー（ロベルテ）によって、上品に組み立てられたオリエンタルフローラルの香水「プレシャス ウード」が加わった。エレガントな香水瓶には、ブランドロゴが彫られたひし形のビーズが添えられている。2013年時点の最新作は、アントワーヌ・メゾンデューによるローズを贅沢に使ったシングル フラワーの香水「ローズ ベロア」。

レーベルと販売店

音楽業界のように香水にもレーベルが登場した。新興ブランド同士、またはすでにある程度確立している経営・創作哲学の似たブランド同士が、同じレーベルで販売されている。これらのレーベルは独自の販路をもっていることもあるが、独立系の香水・化粧品店や、最近増えつつある百貨店の特設売り場などに卸すことで、香水専門店の専門知識の恩恵も受けている。

レーベルと販売店

Le Bon Marché ル ボン マルシェ
パリ左岸といえばここ

　エミール・ゾラは小説『ボヌール デ ダム』のなかで、パリで最も古いこの百貨店(デパート)を「近代商業の大聖堂」と表現したが、ここは今も時間の支配から逃れたような雰囲気を漂わせている。何世代にもわたってパリ左岸の住人を惹きつけてきたハイセンスな神殿は、1984年にLVMHグループに買収されたときにもほとんど改装されなかった。1998年、この百貨店の2つの古いガラス天井が修復され、店の中央にアンドレ・プットマンのデザインによる壮麗なエスカレーターがお目見えした。エスカレーターをのぼっていくと、好奇心旺盛な買い物客は、グランドフロアに設けられたシックで広々とした矩形の販売エリアをゆったり見渡すことができる。そこが、選りすぐった約15ブランドの香水を集めた「テアトル ドゥ ラ ボーテ」。各ブランドは、大きな販売エリアという恩恵を享受している。なかにはディプティックやペンハリガンのようなニッチ香水の会社も

Rue de Sèvres セーヴル通り
アールデコのガラス天井と中央のエスカレーター。その足下にはテアトル ドゥ ラ ボーテが構え、レア パフュームを揃えている。

Colonia, Acqua di Parma
アクア ディ パルマ「コロニア」
美しいイタリア女性からカルト的な人気を集める定番香水。ブランドは1993年に再出発して以来、香水やキャンドル、シェイピング用品など幅広い商品をルボンマルシェに並べている。

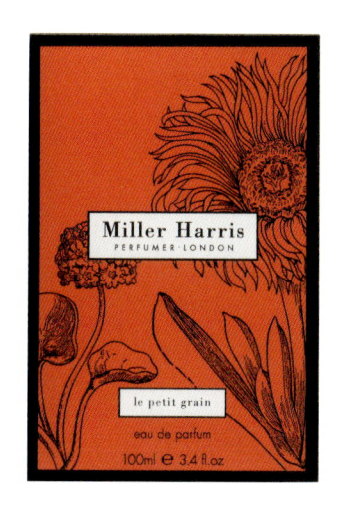

**Miller Harris's
Le Petit Grain**
ミラー・ハリス「ル・プチ・グレイン」
イギリスのオーダーメイド香水のパイオニア、リン・ハリスは、自然から着想を得たデリケートなスタイルで創作する。グリーンノートとフローラルノートの「ル プチ グレイン」は、オレンジの枝と葉を蒸留して作られた。

旅に出るあなたへ
メモの「ラリベラ」が入った、世界で5つしか作られていない贅沢なトランクが、ル ボン マルシェで発売された。

あれば、ディオール、トム フォード、アクア ディ パルマのような大手企業の高級コレクションもある。2007年、この場所から出発して香水業界に新風を吹き込んだブランドもある。メモ、キリアン、バレード、ミラー ハリスなどがそうだ。当時、まだ知られていなかった若いブランドは、旅の日記、詩、文学などの独自の発想をもった、香水業界の未確認飛行物体だと考えられていた。

そしてそれこそが、ル ボン マルシェのもつ雰囲気なのだ。テアトル ドゥ ラ ボーテは、エルメスのような確立した重鎮の安定感ある商品を提供する一方で、今日の才能と明日の希望も敏感に感じとり、チャンスを与える。買い物客は休息エリアの心地よいアームチェアに腰かけて、香水が肌の上で変わっていく様子をじっくり観察することができる。

"香水のニューウエーブ"のなかでも、メモ、バレード、ミラー ハリスなど多くのブランドがル ボン マルシェを唯一の展示スペースとして選んでおり、ほかの百貨店での販売をしていない。ここは女性たちと、免税店にない香水を好む知識豊かで要求の高い顧客が、幸せを感じるための場所といえよう。

レーベルと販売店

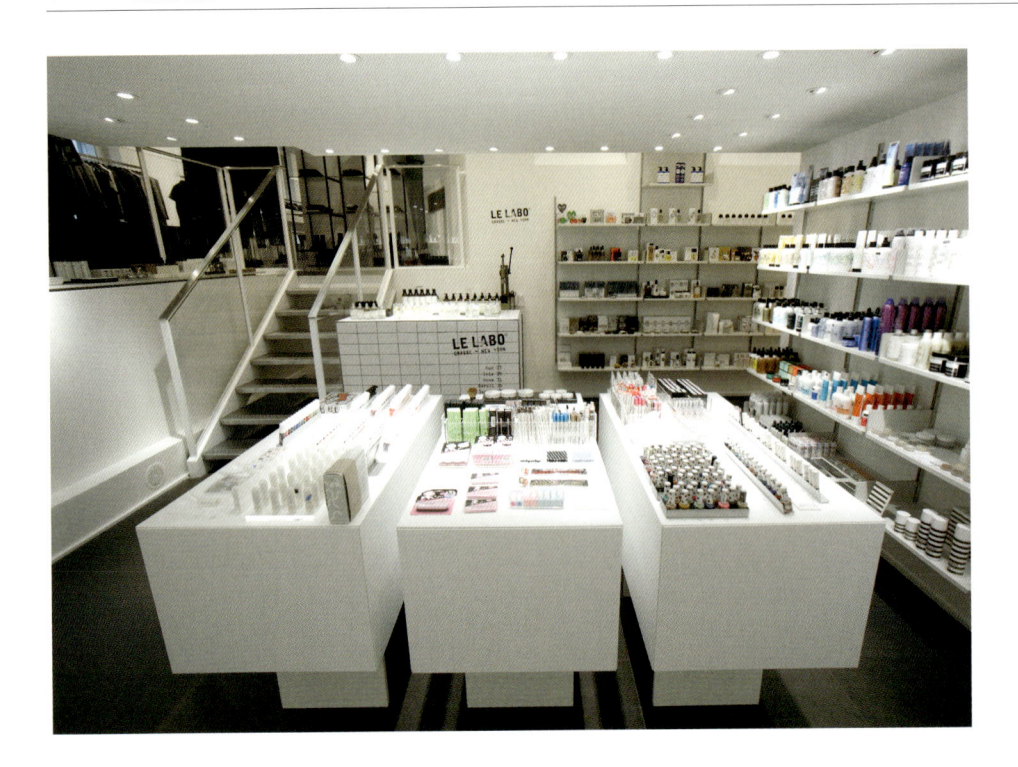

Colette コレット
コンセプトストアの先駆け

　コレットは今やすっかり国際的な流行の発信地になった。1997年3月にサントノレ通り213番地にオープンした当時、まだ高級エリアではなかったこの界隈では革新的で目立つ存在だったことなど、誰ももう覚えていないかもしれない。当時もドラッグストアや、「レクレルール」のようなファッションのセレクトショップは存在していたが、コレット・ルソーと娘のサラが提案したビジネスの方針は、扱う商品のめずらしさや折衷様式という点で他と一線を画した。日本の"セレクトショップ"に着想を得て、母と娘はパリでは見つからないもの、自分たちの創造性に訴えるものだけを販売することにした。化粧品と香水は、現在、2階の洋服売り場近くに集められている。すべての商品はオンラインでも販売され、新商品はウェブ上で発表され、一部の特別な顧客にはニューズレターを送っている。イタリアのアクア ディ パルマやニューヨークのブランド、キールズなど、初期からコレットが独占的に販売していたブランドは、後にパリにブランド直営店を開くほど有名になり、発進地として優れた場所だということを世間に知らしめ

Chez Colette コレット
サントノレ通り213番地。美容品専門のエリア、ザビューティボックスには世界中から高級ブランドが集められている。

Eau d'Italie オーディタリー
オーディタリーは、ポジターノの壮麗なシレヌーセホテルのオーナーによって設立された。最初に登場した同名のシトラス アロマティックのオードトワレ「オーディタリー」にのせて、イタリア式ライフスタイルの香りを届ける。ベルトラン・ドゥ ショフールはインセンスと花びらの香りで女性らしさを与えた。それ以来、品質に妥協を許さない調香処方で数種の香水を生んできた。香水通のための贅沢。

Eau de Couvent
オードゥ クーヴァン

画家のカンディダ・ロメロは、13世紀のコルシカ修道院を愛し、修道女がガラス瓶のなかに入れておいた古い調香処方を復活させた。フレッシュなシトラスの香りが、ほんのりとしたジャスミンとアイリスのミドルノートに支えられている。収益は修道院の修復に使われる。

Escentric Molecules
エセントリック モレキュールズ

「合成香料への賛辞として香水を作るとしたら?」調香師ゲザ・ショーエンは自問した。2006年に生まれた最初の作品で主役となったのは、ビロードのようになめらかなウッディノートの香料イソ-E-スーパー。「モレキュール01」はイソ-E-スーパー100%で、「エセントリック01」は65%にペッパーとアイリスノートを加えた。2008年にはアンブロキサンとベチベリルアセテートを使って同様の試みをした。

た。世界で限定的にしか売られていないバレードや、2013年パリに店舗を開いたルラボのような忠実なブランド、そしていつもここでプレミア販売を行うマーク ジェイコブスのような特別な友は、今もコレットに商品を並べている。コスモポリタンな消費者は人々があまり知られていない香水を発見しようと目を光らせているので、彼らを喜ばせるためには、そこでしか買えない商品を置くことが重要になる。コレットの定番ブランドはディプティック、フランシス クルジャン、オー ディタリー、バレード、コム デ ギャルソン、オーディン、メモ、イナク、エセントリック モレキュールズなど。しかし商品は常に入れ替わっているので、網羅的にリストアップすることは難しい。創立から16年が経ち、この店の"トレンディ ラグジュリアス"な雰囲気はこの地域一帯をがらりと変えた。サン=ロック通りと7月29日通り、そして北に位置するマルシェ サントノレ広場に挟まれた黄金の三角地帯に、ジョー マローン、ペンハリガン、フラゴナール、トム フォードが店を構え、ファッションウィークには様々なイベントが開催される。

コレットは新しい消費の形を生みだし、その後ボーマルシェ大通りのメルシーのような複数ブランドの商品を売る店が登場するきっかけとなった。コレットからそう遠くない場所にも、ボントンという子ども用品をコンセプトとした店がある。コレットは間違いなく、新たな独立系香水というジャンルの確立に一役買った。

レーベルと販売店

調香師の権利 ダヴィッド・フロサールにとって、調香師は香水そのものと同じくらい重要だ。芸術映画を上映するアートシアターの考え方を香水販売に取り入れた。

Différentes Latitudes ディフェラント ラティテュード
フレグランス会社のレーベル

「作り手に会う前に、その作品を見ることは決してない」ダヴィッド・フロサールは、ディフェラント ラティテュードという名の"レーベル"を築いた自身のアプローチをこう説明する。レーベルとは？　音楽でいうならばインディペンデント系のように、品質と長期目標が同じようなレベルのフレグランス会社を集める願望と意志を表している。2005年に新しい香水の価値基準を作ろうと決意し、彼がディフェラント ラティテュードを創設して以来、旗印のもとに登場した香水は、"品質"と"長期目標"という2つの条件で選ばれてきた。彼は香水について知りつくしている。レーベルを立ち上げる前は、長年ラルチザン パフュームに勤め、市場について学んできた。そこで出会った人々の

Upper-Marais オーマレ
2013年、ダヴィッド・フロサールはついに夢をかなえ、パリのオーマレ地区コマンダンラミ通り5番地に、ディフェラント ラティテュードの店舗をオープンした。約30平方メートルほどの空間に10から最高で12のブランドの香水が並び、レーベルの構想とその背後にある精神を余すところなく伝えている。「知識の伝達と開発を援助し、訪問者を歓迎して、希望する人には誰にでも我々のビジネスについて教えるという意志表明」の場。

L'Air de Rien by Miller Harris
ミラーハリス「レール ドゥ リヤン」
ブランドのベストセラーは2008年にジェーン・バーキンとのコラボレーションで生まれた。古い本で埋め尽くされた図書館の埃から着想を得たオークモスのアコード。アンバームスクノートに、バニラと合わせた甘いネロリが加わる。

Paradis Perdu by Frapin
フラパン「パラディ ペルデュ」
コニャックブランドの最新の香水は、ウッドとアンバーに包まれたグリーンノート。

影響を受け、さらにテーマを突き詰めたいとレア パフューム販売へ進む決心をする。

　ストックホルムのバーで、フロサールはバレード（香りの記憶）という香水ブランドの創設者ベン・ゴーラムと知り合った。その1年後、ディフェラント ラティテュードが誕生。2007年にはバレードがフロサールの販売した香水第1号となった。このとき同時に販売されたのが、グローバリゼーションを体現するブランドのオーディンだ。インターネットで知られるようになったオーディンは、アメリカ人と中国系アメリカ人によって設立された、アメリカというよりニューヨーク的なブランドである。キューブ型の香水瓶、ブランドの名前と番号の記された漆黒の箱という落ち着いたデザインは、すぐにフロサールの心をとらえた。香水への取り組み方も独特で、選ばれた香料会社はドローム1社だけだが、世界中に散らばる同社の調香師はみな、"シヤージュ（残香）"が巧みな香水を調合することにたけている。

　さらにフロサールはアーキストというブランドの販売を手掛け、歴史とアートに強い関心をもつ人物が作り出す新たな小宇宙へと足を踏み入れた。コロンビア大学で建築を学んだメキシコ人カルロス・フーバーは、パリ在住の文化財保護の専門家で、修士論文のテーマは1800年メキシコのヘスス マリア修道院における修道女らの生活につい

レーベルと販売店

Odin オーディン　落ち着いたデザインと残り香のある香水を特徴とするニューヨークブランド。

てだった。ニューヨークのジボダンで調香クラスを受講したフーバーは、この大きなテーマを香水に込めることにした。調香師のロドリゴ・フローレス=ルーとヤン・ヴァズニエとともに、スパイシー チョコレートが豊かに香るバロック調のグルマン香水「アニマ ダルシス」を開発したのである。フローレス=ルーとヴァズニエの協力により、ブランドはフーバーが選んだ歴史的な出来事に、次々とスポットをあてた。ネロリのフローラルノート「インファンタ アン フロール」とユリの「フルール ドゥ ルイ」は 1660 年、バスク地方のビダソア川に浮かぶフェザント島でのルイ 14 世とスペイン王女(インファンタ)の結婚を描いている。「レトログ」(ヘブライ語でシトロンの意)は 12 世紀のイタリア、カラブリア地方で行われる小屋の祭りにちなんだシトラス、デーツ、ミルラのノート。「アレクサンドル」はほかならぬ作家アレクサンドル・プーシキンが決闘に臨んだ日の記憶をたどるレザー アンバーの香り。「ブートニエール N° 7」は、私たちを 1899 年のパリ オペラ座の夕べへと誘う。色男らが闊歩し、そのフローラル グリーンの香りが波乱を呼ぶ。

2004 年、フロサールは著名なコニャックのブランド、フラパンの 20 代目オーナーと出会った。オーナーの女性がコニャックを試しに肌につけてみた話を披露すると、フロサールはこの素晴らしいアイディアから、瞬く間に売り切れとなる人気の香水を生み出した。フロサール自身がブランドのライセンスを引き受け、パルファン フラパンを設立。それ以来、オリジナルの香水「1270」を新たな調香処方で再現したほか、3 つ

Black Saffron ブラック サフラン
カシミール産サフランから着想を得たオリエンタルな香り。バレード (香りの記憶が、ブランド コンセプト) はベン・ゴーラムによって設立された。

着想を呼ぶ3つの水　「サンクティ（オー ベニート）」はベチバーを少し加えたフレッシュなインセンス。ウードウッドの「フォルティス（オーフォルト）」は焦げたような墨の香り、「トゥムルトゥ（オートラブル）」は、フィリップ・ディ・メオが"エジプトの風呂"を思い起こさせるというサンダルウッドの官能的な暗示の香り。

Liquides Imaginaires
リキッド イマジネール

デザイナーのフィリップ・ディ・メオは香水に魅了され、ジボダン社とリキッド イマジネールを立ち上げた。このベンチャーを継続するために、フロサールとパートナーシップを組んでブランドを設立。「オー ベニート」「オー フォルト」「オー トラブル」に続いて、ワインと血の中間をイメージして作った「オー サンギーヌ」を発表。250mlの薬瓶のようなボトルの栓は、古代ギリシャ、ローマの壺アンフォラのコルクから着想した。

の香水を世に送った。「リュマニスト」はロベルテとの共作、「1697」はオールド ラムから発想してベルトラン・ドゥショフールとともに作られた。そして2012年にマルク＝アントワーヌ・コルティエキアトに委ねたスモーキーな煙草の香りの「スピークイージー」を発表。イタリアとロシアで人気のブランドならではのユニークな香水だ。これらの香水は酒屋でも販売されることがある。

2011年、ディフェラント ラティテュード レーベルについに女性が加わった。イギリス人のリン・ハリスは1992年にフランスにわたって調香を学び始めた。最初はパリに行き、モニーク・シュリエンガー（サンキエーム サンス）のもとで訓練を受け、その後グラースのロベルテに所属。2000年にイギリスに帰ると、祖父の名前からとった「ミラー ハリス」という洒落たブランドを立ち上げ、ロンドンに店を構えてオーダーメイド香水を提供した。この調香師は、イギリスの香水が世界にもたらした貢献を象徴する存在だ。それは「シンプルで、素朴で、本質に迫るモダンな香水」であるとフロサールは説明する。良質な素材へのこだわり、人の興味をかき立てる香りと、イギリスの花模様の壁紙から着想を得たグラフィックという美しいスタイルに、それがよく表れている。

レーベルと販売店

ふさわしい人
ジョヴォワブランドのオーナー、フランソワ・エナンは同名の香水ブティックを作った。175平方メートルの敷地にレアパフュームやフレグランスキャンドルが並ぶ。

François Hénin フランソワ・エナン
ジョヴォワの"金鉱探し"

　探検家の服に身を包んだフランソワ・エナンは、轍の残るでこぼこ道を猛スピードの車で疾走し、香料になる植物に詳しい農民を探し求めている姿がたやすく想像できる人物。彼にまつわる逸話からも、その風貌からも、"香水業界のTINTIN"と呼びたくなる。探求するのは品質、希少性、そして卓越性。そこに彼自身が醸し出す気品も加わる。型にはまらないキャリアを歩んだ後、ジョヴォワを率いて、リヴォリ通りとカスティリオーヌ通りの角に堂々と立つマルチブランドの香水専門店を営むに至った。ビジネススクールを卒業した点は実業家らしいが、その後"どこか別の場所"に行きたいと願い、ヴェトナムで数年間過ごした。フランスに帰国後、兵役義務に替わるボランティア活動で高級香水業界の天然香料の伝統を守る仕事に携わった。エナンは天然素材を通して、香水の世界に自分の進むべき道を見つけた。香水作りの紆余曲折の過程や舞台裏——たいていは庭園を探索し、ようやく本当の夢を実現した。その夢こそ、第一次

世界に広がるジョヴォワ
パリのカスティリオーヌ通りからテヘランでの出店までに、わずか1年しかかからなかった。2013年ジョヴォワはイランの首都に現地の販売会社とのパートナーシップによりブティックを開いた。モロッコのラバトにも店舗がオープンし、ジョヴォワの名のもとに集うレア パフュームの世界へ誘う大使の役割を果たしている。

世界大戦直後にブランシュ・ダルヴォワが設立したヴィンテージ香水ブランドのジョヴォワを買収することだった。この"眠れる森の美女"は"狂騒の20年代（レザネ フォル）"にラペ通り15番地で、モンマルトルやモンパルナスのキャバレーに満ちた自由な空気に合った斬新な名前の香水を売り出して物議を醸していた店である。「アレ オップ」「アレ ココ」「ガルデモワ」はまさに若い女性のための香水。ロシア貴族らは恋人に贈るためにわれ先にと買い求めたという。

　手に入れたブランドが再び注目を集めるようになると、エナンは2010年、「身につける者一人一人の強いアイデンティティを育み、高貴で自然な、時には高価な素材を使うことにコミットした」香水を作りだした。商品のネーミングにはブランシュ・ダルヴォワの挑発的な口調をそのまま残した。「ラ リテュルジー デズール（時禱書）」は修道院にお香が漂う雰囲気を醸し出す。「ケーキ（ブリオッシュ）を食べればいいじゃない」という王妃マリー・アントワネットが発したと伝えられる一言にちなんだキャンドルは、トーストしたブリオッシュの香りを1滴たらしている。香水にこうしたわかりやすい手段を使う目的は、大々的に販売するためではない。「この香水は愛好家に向けたものでもあるが、

レーベルと販売店

いわゆる"ミューズ（詩的な）"フレグランスにがっかりした消費者のためのものでもある。そうした消費者は徐々に増えている。ミューズフレグランスは、時に市場に過剰に出回るため、明らかに品質が低下している」。すべてはこの言葉に要約されている。

2012年、エナンはテュイルリー公園とヴァンドーム広場の間という理想的な場所にブティックを構え、顧客が新たな香水を発見し購入する店舗面積を倍以上に広げて、明るい照明で満たした。得意客にも観光客にも調香師の手による香水と高価なキャンドルを提供している。180㎡の広々とした空間には異なる風合いの家具――ブティック風のテーブル、ヴィンテージ家具のあるラウンジ、寄木細工や美しい調度品が並び、余裕のある空間と、適度な品数から疲れることはない。多彩なブランド品が陳列棚に収まり、あふれかえる香りが客に襲いかかることもない。香水を吟味できるので、ジョヴォワでは芳香の裏に隠されている処方や素材の本質を深く探ることができる。鼻がまっとうに役割を果たしている間、調香師らが紡いだ素晴らしい物語と深い信念を辿っていく。この稀有な空間では、4世紀にわたる香水の冒険、伝統の一画をなす名香、待ち望まれていた復刻の香り、そして最新の香りや、時には実験的な香りが共存している。18世紀のL.T. ピヴェールから、19世紀にブルボン王家の鼻を満足させたリュバン、クードレ、パルファンドルセー、そしてジョヴォワ、20世紀のイザベイやジャック ファット、21世紀のオルファクティヴ スタジオ、ヴェロ プロフーモまで見つかる。クライブ クリスチャンとその香水（世界で最も高価な香水）、マーティン・ミカレフ、ニーラ ヴェルメイル、パルファン ダンピール、ミラー ハリス、ジェームズ ヒーリー、アムアージュ、アエネス ド ヴェヌスタース、エヴォディ、ブレクール、イストワール ドゥ パルファン、オノレ デ プレ、セルヨッフの魅惑的なウードベースの香り、そして最新ブランドのアレクサンドル J. も忘れてはならない。

ジョヴォワのブティックでは、フレグランスキャンドルのために美しい通路が設けられ、まるでギュスターヴ・カイユボットの『庭師たち』の絵にあるような釣鐘形のガラスが並べられている。誰でもキャンドルを手にとって、優しくその香りを嗅いでみたい衝動に駆られてくる。ブランド別の個性やデザインを隠すことなく、透明なベールでキャンドルを埃から守り、芳香を保っている。香水史家エリザベト・ドゥ・フェドーの「アーティ フレグランス」コレクションや、世界最古のロウソク製造業者シール トゥルードン、ヒーリー、ジョヴォワ、ジャルダン・デクリヴァンなどのブランドも並ぶ。同じ香りのルームスプレイもあり、キャンドルの灯りが金メッキを輝かせるバルベラのティーライトキャンドルホルダーも魅力的で、目、鼻、心をわくわくさせる。

Bombay Bling by Neela Vermeire

ニーラ ヴェルメイル「ボンベイ ブリング」
ベルトラン・ドゥショフールによるインド三部作の最新香水「ボンベイ ブリング」は、生活のテンポが速いこの国の現代性を表現し、そのエネルギーと陽気さを世界に示している。エキゾティシズムと遠い地の香りを帯びた、はじけるフルーティフローラルの香りの、個性豊かな女性用香水。

La Malle à Parfums

ラマル ア パルファン（香水のトランク）

熱狂的な信奉者のために、フランソワ・エナンはパリのトランクメーカー、T.T. トランクスに高級香水用のトランクを発注した。贅沢な展示ケースにもなり、レア パフュームのための豪華な保護・保存ケースにもなる。このトランクを使えば、香調への悪影響を心配せずに、香水を世界の裏側まで運んでいける。

レーベルと販売店

La Belle Parfumerie at Printemps Paris
プランタン パリ ラ ベル パルフュムリ

香水の殿堂、その見事な戦略

　ラ ベル パルフュムリは、プランタンという揺るぎない土台の上に築かれている。世界中の高級百貨店が手本にする"パリジャン シック"の代表プランタンが1865年にオープンして以来、その遺伝子にはファッションと同じく香水も刻みこまれている。おそらく創設者らは流行と高級服が一体になったときに生まれるマリアージュを感じとっていたのだろう。当時の大きな扉から入ると、店内にはイランイランやヘリオトロープの甘い香りが漂ったという。百貨店は独自のコロンを開発し、後にコティ、リュバン、モリヌーを温かく迎え入れ、その後キャロン、パトゥ、ロシャス、ディオールもそこに加えた。店の拡張、出店申し込みの増大、マーケティングの重要性の高まりなどに応じて、香水売り場が形成されていった。そこは販売店であると同時にフランスと世界の香水が大きな栄光をつかむための、文化、名声、展示の場でもある。何百万人というパリ市民と観光客が目のくらむような魅惑的なショーウィンドウを通り抜けると、いよいよ"美

新しい殿堂
2011年10月、プランタンパリにレア パフュームと高級香水のための特別な場所、ラベル パルフュムリが誕生した。

Ombre Rose by Jean-Charles Brosseau
ジャン=シャルル ブロッソー「オンブル ローズ」
1981年、このパウダリーフローラルの香水の先駆者はまずアメリカで大成功を収め、その後フランスに乗り込んだ。

芳香の部屋
ラ ベル パルフュムリの中央では、香水を愛する人々に向けて最高にクリエイティブな香水を展示している。

容と香水"の世界へと足を踏み入れることになる。魔法のような、忘れられない、五感を刺激する瞬間。色も香りも季節や流行に合わせ頻繁にアップデートされる。通路や特設スタンドでは高級ブランドにスポットがあてられ、ハイグレードさが保たれている。競争率は高く、陳列棚の使用料が高価なため、上質なライン以外の商品はほとんど展示されない。2011年秋、3年あまりの準備期間に数々のイノベーションと綿密な交渉を経て生まれたラ ベル パルフュムリという香りに徹した販売コーナーは、パリ右岸で評判になった。計画はプランタンの美容品部門ディレクター、シャルロット・タッセが指揮したが、タッセは創意に富んだチームとともに、大規模なプロジェクトでインパクトを与えることを目指した。そうすることで、ブランド側がこの約2000㎡ある化粧品と高級フレグランスの空間で存在を発揮することを再考してくれるからだ。そのためには香水を愛する人に開かれた数多くの"ブティック"で、歓迎の精神と明るい雰囲気を打ち出すことが鍵だった。そのひとつ、エルメスは壮麗な内装のブティックで、その香水物語が"香水の図書館"や"発見のテーブル"に並べられた。「ラ コレクシオン プリヴェ」を掲げるディオールは、クリスチャン・ディオールの世界と人物に、時代の流れと花を通して

レーベルと販売店

Eight and Bob エイト&ボブ　学生時代、休暇でリヴィエラに滞在していたジョン・F・ケネディは、フランス人アルベール・フーケの手によるシトラス ウッディのコロンの虜になった。彼はその香水を8本と「ボブのためにもう1本」注文した。こうして1938年、「エイト&ボブ」が誕生した。香水は戦時下、ボトルの形をくりぬいた本に入れてひっそりと送られた。近年になってその調香処方が再発見された。

光をあてている。ゲランの"調香師からの招待"では訪れた客を香りの聖杯の探求へと導いていく。特に注目すべき香水のために2007年に設けられた「香りの部屋」は、常にニッチブランドが占めている。セルジュ・ルタンスが鏡に見立てた「ショック ノワール」という特別な空間には、宗教儀式のような雰囲気が漂い、訪れる者はまるで修道院に入る感覚を覚える。そばにはフレデリック マルのブティックがあり、閉ざされた空間に入って香りを発見できる"香りのカラム"が置かれている。キリアンのカウンターには「ウーヴル ノワール」「アラビアン ナイツ」の2つのコレクションが並び、ブランド創設者キリアン・エヌシーもしばしばここを訪れて、彼が思い描く香水について愛好家に直接語りかけている。業界の"ビッグネーム"もここに集結している。アクア ディ パルマ、アニック グタール、キャロン、クリード、ディプティック、ラルチザン パフューム、ザ ディファレント カンパニー、フランシス クルジャンなどである。まだ知名度の低い現代のブランドから老舗ブランドまで、展示の場を得ている。ボーディシア ザ ヴィクトリアス、ボ

Aqua Vitae by Francis Kurkdjian
フランシス クルジャン「アクア ヴィタエ」
奔放な官能性をもつ洗練されたオードトワレからは、温かい風と冷たい風の両方が吹く。2009年に自らのフレグランスメゾンを立ち上げた実力派調香師も、この香りは自慢できる。長年にわたり、所属先の高砂香料を通じて、その才能で小さいながらも魅力的なブランドに貢献してきた。彼にとって香水作りは天職である。アスリートのように鍛錬を重ねるとともに、創造に対する強い責任感を抱いている。

Terry de Gunzburg Collection

テリー ドゥ ギュンズベール コレクション

テリー・ドゥ・ギュンズベールはイヴ・サンローランのメイクアップラインのディレクターとして有名になり、その後、高級化粧品ブランドを立ち上げた。2012年、自身の名前を冠したコレクションで香水業界へと進出した。グラースで開発された5種類の香水は南フランスから着想を得た香りで、洒落た重量感のあるボトルにしっかりと守られている。香りの種類はよく熟したイチジクからチュベローズ、ジャスミン、アイリスまで。2013年にはオリエンタルな魔法をかける「ウード」が登場した。

ワ 1920、カルトゥージア、コントワール シュド パシフィック、クードレー、コスチューム ナショナル、エイト&ボブ、エトロ、オノレ デ プレ、ウビガン、ジャン シャルル ブロッソー、ジャン デプレ、ジュリエット ハズ ア ガン、リュバン、ナーゾマット、ネアネ、パルファンドルセー、ペンハリガン、プロフーミ デル フォルテ、ピゲ、ソーウード、ザ ハイプ ノージーズなど。

パンフレット「ラ ベル パルフュムリのマニフェスト」に記されているように、厳選された商品、品質重視の構え、卓越した香水と調香師への賛辞に、この店舗の上質へのこだわりが集約されている。マニフェストは7つのキーワード——夢、美、驚き、錬金術、ノウハウ、伝統、未来に即して作られた。顧客が香水へ期待する定義に限りなく近く、このキーワードが要望に応えることを可能にする。マニフェストはすべてを物語り、商品の展示も言葉の選び方も、すべてが上質で専門を極めた精神のもとで、高級香水に光をあて、ひとかたならぬエネルギーが注がれている。当然のことではあるが、2013年に百貨店を買収したカタールの投資家らも注目している。

レーベルと販売店

赤い誘惑
パリ、マレ地区マルシェ サント カトリーヌ広場のすぐそばに位置する。レア パフュームのオアシス。

Marie Antoinette マリー・アントワネット

マリー・アントワネットの宝物

　マルシェ サント カトリーヌ広場のすぐそばに位置する小さな店の赤いファサードは、歴史あるマレ地区の、石の街並みとコントラストをなしている。ドールハウスのような外観からは、ここがアリババの洞窟のような香水店だとは想像がつかない。

　ポルトガル人の創始者アントニオ・デ・フィゲイレドは、レストラン経営やワイン研究など多彩な分野で経験を積んだのち、2007年に香水店を開いた。最初はホームフレグランスで足慣らしをし、すぐに重点を香水にシフトすると、フランスの首都パリでニッチフレグランスのマルチブランド ショップの先駆的存在となった。

　12㎡ほどの寝室のような小さな店で「マルチブランド」とは、笑ってしまうかもしれない。しかし陳列棚の配置は隅々まで周到に考えてデザインされている。棚一段でひとつの香水メゾンを紹介し、短いが力強い文章を添えて、要点をしっかりと伝えている。スタジオ アルクールによる調香師の洒落た写真はまさにそうした工夫である。左手は歴史的な香水の陳列棚で、お針子の人形を横に添えたロベール ピゲの香水、リュバンの香水が並んでいる。右手に並ぶのは21世紀の新しいブランドだ。ジャルダン デクリヴァ

Idole by Lubin
リュバン「イドル」

オリヴィア・ジャコベッティの改訂によって、ラムと男性的なスパイスの香りが、サンダルウッドとレザーの非常に官能的なベースノートで和らげられた。旅に誘うような香りは、ヴィンテージ香水の愛好家にも選ばれるだろう。

Déjà le Printemps
デジャル プランタン

1720年創業の古参フレグランスメゾン、オリザルグランは、新たな事業主の熱意と、4つの香りの再解釈によって生まれ変わった。1作目の「デジャルプランタン」は刈ったばかりの芝生、スズラン、野生の花々に囲まれたオレンジフラワーの香り。

Mito by Vero Profumo
ヴェロ プロフューモ「ミート」

調香師ヴェロ・ケアンが、イタリア、ティヴォリのエステ家別荘の庭園に捧げた香水。シプレーを中心に、地中海のシトラスの甘い香り、噴水、太陽の下で咲き誇るホワイトフラワー、まだ湿っている芝生と大地の香りが広がる。

ンの最新作「ワイルド」は、オスカー・ワイルドの美しい装丁の本上に置かれている。フラパンの香水はコニャックのテイスティングケースの上に鎮座している。パルファン ダンピールのコレクションはナポレオン様式で金メッキを施された壁面装飾の前に並ぶ。店内全体が、選ばれた香水の世界観を解読するためのヒントであふれている。

フィゲイレドは毎年フィレンツェで開催されるピッティの展示会で、新たなブランドを見い出して約20のブランドを販売しているが、そのうち1、2のブランドはフランス国内ではこの店舗でのみ数ヵ月間という限定で販売される。たとえばスペインのイビサ島で採れるハーブから作られ、カクテルボトルの形の瓶に入れられたコロン「イェルバス デイビザ」などがそうだ。限定的であることと希少性が、この店独自の香水の表現方法を形作り、得意客を香水の"バベルの塔"に惹きつけている。ちなみにフィゲイレドは4ヵ国語を操り、他の言語も多少話せる。役者でもある才能を使ってそれぞれの香水がもつ雰囲気を巧みに語り、その様子はまるで大規模な商品の事前選考会のようだ。「ブランドを紹介する前に、必ず商品を自分で試して品質を実感している。それから一貫した雰囲気、オリジナルで芸術的なアプローチがあるかどうかを見極めている」と語る。顧客はフィゲイレドの実演と人柄に魅かれて、店へと足を運んでいる。

レーベルと販売店

Nose ノーズ
香水を経験する場所

　香水とは、発見し分かち合うべき要素が果てしなくある広大な領域で、そのただ中にいる香水愛好家は本当に幸運といえよう。なかには初心者に鍵となる知識を惜しみなく授け、この芸術的表現がなぜ驚きに満ちているかという理由をいくらでも語る人々もいる。そんなアプローチから7人の香水・化粧品愛好家は、2012年6月の終わり頃、パリのヴィクトワール広場のそばに、香水と化粧品のニッチブランドのための店を開くことにした。ニコラ・クルーティエ、アントワーヌ・カルムス、シルヴィオ・レヴィはコンサルティング、コンピュータ、販売という経歴をもっていた。マーク・バクストンは調香、ロメオ・リッチはブランド開発（ジュリエット ハズ ア ガン）。彼らは経験と創造性を持ち寄って、ノーズのプランニングに命を吹き込んだ。香水の手ほどきを受け、経験を重ねる場であるノーズは、メンバーの要求が高いため、控えめにいっても審査の厳しい販売店といえる。創設者らの考えでは、早急に"ニッチな"市場を民主化し、誰でもアクセ

新たなコンセプト
2009年に設立したノーズは、美に焦点をあてたコンセプトショップで、ウェブサイトと合わせて約20種類のレア パフュームと化粧品を販売している。この新しい取り組みを指揮しているのが、共同設立者で会長のニコラ・クルーティエだ。

Anyway by Juliette Has a Gun
ジュリエット ハズ ア ガン「エニウェイ」
贅沢で最高に官能的なオリエンタルノートの「オイルフィクション」の後、ロマノ・リッチは「エニウェイ」の純粋さに立ち返った。単純な香調は基本の要素（ネロリ、レモン、ジャスミン、ムスク、そして彼の象徴でもあるアンブロキサン）にすぐ届き、男女問わずフレッシュでマイルドな感覚を肌に感じる。

Anbar by Tola
トーラ「アンバー」
ノーズだけで販売されているブランド、トーラは、2010年アラブ首長国連邦の調香師ダハー・ビン・ダハーによって設立された。香水が王様として扱われているこの地域に古くから続く伝統がベールを脱ぐ。

Teint de Neige
タン ドゥ ネージュ
ロレンツォ ヴィロレージはベルエポックに着想を得てこのアルデヒド フローラルのオードトワレを作った。優雅におしろいを塗った女性を思い浮かべたのだろう。

スできるようにすることが必要だった。それをかなえるために、ノーズは消費者に自分が本当に求めている香水と、心がワクワクする素材を知ってもらうとともに、高品質な商品にアクセスする機会を提供している。顧客が自分の香水の特徴を知る手助けとなるツールも用意された。複数の質問に答えると、まず数千種類の中から5つの香水が仮に選ばれる。そこから新旧のブランドや、多彩な香りの系統、ベストセラー、季節ごとの香りなどの説明を受けながら、顧客が自分に最適の香水と出会えるように導くのが、店の専門家の腕の見せどころになる。本書で取り上げてきた多くのブランドに加え、アクア ディ パルマ、コスチューム ナショナル、ナオミ グッドサー、トーラ、ウルリッヒ ラング ニューヨークなどの優れたブランドの商品も置かれている。化粧品とホームフレグランスの展示スペース、そして"マイノーズ"というエリアがあり、そこでは顧客が好みを伝えて香水の診断を受け、すぐに一人一人にあわせたお薦めの香水を紹介してもらえる。

ブランドブティック

各ブランドは昨今、インターネットのＷＥＢサイトで製品を紹介し、問い合わせにも応じていることから、URLと本店の住所を紹介している。▶ 日本の正規代理店については、ブランドごとの意向に添ってURL、住所、電話番号を記している。

Annick Goutal アニック グタール
14 rue de Castiglione 75001 Paris France
www.annickgoutal.com
▶ ブルーベル・ジャパン
〒107-0062　港区南青山 2-2-3 南青山 M-SQUARE
www.cafedesparfums.jp

Armani / Privé アルマーニ プリヴェ
www.armanibeauty.fr

Atelier Cologne Paris アトリエ コロン パリ
8 rue Saint-Florentin 75001 Paris France
▶ フォルテ
〒180-0002 武蔵野市吉祥寺東町 1-4-14
www.forte-tyo.co.jp

Atelier Cologne New York アトリエ コロン ニューヨーク
247 Elizabeth Street New York NY 10012 USA
www.ateliercologne.fr
▶ フォルテ
〒180-0002 武蔵野市吉祥寺東町 1-4-14
www.forte-tyo.co.jp

Bond No. 9 ボンド ナンバーナイン
9 Bond Street (Broadway & Lafayette) New York NY 10009 USA
www.bondno9.com
▶ ブルーベル・ジャパン
〒107-0062 港区南青山 2-2-3 南青山 M-SQUARE
www.cafedesparfums.jp

By Kilian New York バイ キリアン ニューヨーク
804 Washington Street New York NY 10033 USA
www.bykilian.com

Caron キャロン
34 avenue Montaigne 75008 Paris France
www.parfumscaron.com
▶ フォルテ
〒180-0002 武蔵野市吉祥寺東町 1-4-14
www.forte-tyo.co.jp

Cartier カルティエ
13 rue de la Paix 75002 Paris France
www.cartier.fr
www.cartier.jp

Carthusia カルトゥージア
Via Federico Serena, 28 Capri Italy
www.carthusia.it
▶ W and P
www.carthusia.wandp.co.jp

Chanel シャネル
31 rue Cambon 75008 Paris France
www.chanel.com

Comme des Garçons コム デ ギャルソン
23 place du Marché Saint-Honoré 75001 Paris France
▶ (株)コム デ ギャルソン
〒107-0062　港区南青山 5-11-5
www.comme-des-garcons.com

Creed クリード
38 avenue Pierre 1er de Serbie 75008 Paris France
www.creed.eu

▶ ブルーベル・ジャパン
〒107-0062 港区南青山 2-2-3 南青山 M-SQUARE
www.cafedesparfums.jp

The Different Company ザ ディファレント カンパニー
10 rue Ferdinand Duval 75004 Paris France
www.thedifferentcompany.com
▶ フォルテ
〒180-0002 武蔵野市吉祥寺東町 1-4-14
www.forte-tyo.co.jp

Différentes Latitudes Liquides ディフェラント ラティテュード リキッド
9 rue de Normandie 75003 Paris France
www.differenteslatitudes.com

Dior ディオール
30 Avenue Montaigne 75008 Paris France
www.dior.com
▶ パルファン・クリスチャン・ディオール
〒102-8655 千代田区平河町 2-1-1 住友不動産平河町ビル

diptyque ディプティック
34 boulevard Saint-Germain 75005 Paris France
www.diptyqueparis.fr
▶ ディプティック青山店
〒107-0062 港区南青山 5-6-15

Éditions de Parfums Frédéric Malle エディション ドゥ パルファン フレデリック マル
Frédéric Malle 37 rue de Grenelle 75007 Paris France

www.fredericmalle.com

État Libre d'Orange エタ リーブル ドランジュ
69 rue des Archives
75003 Paris France
www.etatlibredorange.com

Floris フローリス
89 Jermyn Street St James's
London SW1Y 6JH UK
www.florislondon.com
▶ ハウス オブ ローゼ
〒107-8625 港区赤坂 2-21-7
www.floris.jp

Fragonard フラゴナール
Le musée du parfum (香水博物館)
9 rue Scribe 75009 Paris France
www.fragonard.com

Guerlain ゲラン
68 avenue des Champs-Élysées
75008 Paris France
www.guerlain.com
▶ ゲラン株式会社
〒103-0093 千代田区平河町 2-1-1
住友不動産平河町ビル 4F
www.guerlain.com/jp/ja

Hermès エルメス
24 rue du Faubourg Saint-Honoré
75008 Paris France
www.hermes.com

Humiecki & Graef フミエッキ & グレーフ
www.humieckiandgraef.com

Jovoy Paris ジョヴォワ パリ
4 rue de Castiglione
75001 Paris France
www.jovoyparis.com

L'Artisan Parfumeur ラルチザン パフューム
2 rue de l'Amiral de Coligny
75001 Paris France
www.artisanparfumeur.fr
▶ ブルーベル・ジャパン
〒107-0062 港区南青山 2-2-3
南青山 M-SQUARE
www.cafedesparfums.jp

Le Labo ルラボ
6 rue de Bourbon-le-Château
75006 Paris France
www.lelabofragrances.com
▶ ルラボ 代官山店
〒150-0022 渋谷区恵比寿西 1-35-2
www.lelabofragrances.jp

Les Nez レネ
www.lesnez.com

Lorenzo Villoresi ロレンツォ ヴィロレージ
www.lorenzovilloresi.it

Maître Parfumeur et Gantier
メートル パフュメール エ ガンティエ
5 rue des Capucines 75001 Paris France
www.maitre-parfumeur-et-gantier.com

Mark Buxton マーク バクストン
www.markbuxton.com

Memo メモ
www.memofragrances.com

Nicolaï Paris ニコライ パリ
69 avenue Raymond-Poincaré
75116 Paris France
www.pnicolai.com

Nicolaï London ニコライ ロンドン
101 a Fulham Road
SW3 6RH London UK
www.pnicolai.com

Olfactive Studio オルファクティヴ スタジオ
www.olfactivestudio.com

Parfum d'Empire パルファン ダンピール
www.parfumdempire.com

Parfumerie Générale パルフュムリ ジェネラール
www.parfumerie-generale.com

Parfums d'Orsay パルファンドルセー
www.dorsay-paris.com
▶ 大同
〒103-0016 中央区日本橋小網町 3-12
www.dorsay-paris.jp

Penhaligon's Covent Garden
ペンハリガン コヴェント ガーデン
41 Wellington Street
WC2E 7BN London UK
www.penhaligons.com
▶ ブルーベル・ジャパン
〒107-0062 港区南青山 2-2-3
南青山 M-SQUARE
www.cafedesparfums.jp

Penhaligon's Paris ペンハリガン パリ
209 rue St Honoré 75001 Paris France
www.penhaligons.com

Piguet ピゲ
www.robertpiguetparfums.eu

Prada プラダ
www.prada.com

Santa Maria Novella サンタ マリア ノヴェッラ
Officina Profumo - Farmaceutica di

フランス各地の注目すべき専門店

以下は複数ブランドの商品を扱うフランス国内の販売店のリストで、本書で取り上げたレア パフュームの多くはこれらの店で売られている。情熱あるスタッフが、あなたの香水探しのためにあらゆる助言をしてくれるだろう。特定のブランドの全世界での販売店リストは、各ブランドのウェブサイトを見るとよい。ボン ヴォヤージュ！ 良い旅を！

Santa Maria Novella - Via della Scala 16- 50123 Firenze Italia
www.smnovella.com
▶ヤマノ アンド アソシエイツ
〒107-0052 港区赤坂 1-11-36
レジデンスバイカウンテス 310
TEL 03-3568-3700
www.santamarianovella.jp

Serge Lutens Palais-Royal
セルジュ ルタンス パレ ロワイヤル
142 galerie de Valois 75001 Paris France
www.sergelutens.com
▶ザ ギンザ
〒104-0061 中央区銀座 7-8-10
www.theginza.co.jp

TOM FORD トム フォード
48 bis rue Saint-Honoré
75008 Paris France
www.tomford.com
▶トム フォード ビューティ
〒100-6161 千代田区永田町 2-11-1
山王パークタワー 24F
TEL 03-5251-3541

Van Cleef & Arpels ヴァン クリーフ & アーペル
22 place Vendôme 75001 Paris France
www.vancleefarpels.com
▶ブルーベル・ジャパン
〒107-0062 港区南青山 2-2-3
南青山 M-SQUARE
www.cafedesparfums.jp

アヌシー ANNECY

Le Bistro de la Beauté
ル ビストロ ド ラ ボーテ
1 rue Camille Dunant
74000 Annecy
www.lebistrotdelabeaute.com

アジャクシオ AJACCIO

Royal Parfums ロワイヤル パルファン
7 rue de la Méditerranée
20090 Ajaccio

ボルドー BORDEAUX

Parfumerie de l'Opéra
パルフュムリ ド ロペラ
10 bis allée de Tourny
33000 Bordeaux
www.leau-de-bordeaux.fr

Asmara アスマラ
17 rue du Temple
33000 Bordeaux

カンヌ CANNES

Taïzo タイゾー
120 rue d'Antibes
06400 Cannes
www.taizo.fr

クレルモン=フェラン CLERMONT-FERRAND

Haramens アラメン
17 rue Saint Genès
63000 Clermont-Ferrand

ダルボネ DARBONNAY

Bulle à Parfums et Jardin Parfumé
ブル ア パルファン エ ジャルダン パルフュメ
25 chemin de la Brenne
39230 Darbonnay
www.bulleparfumjardinjura.wordpress.com

グルノーブル GRENOBLE

Première Avenue プルミエール アヴェニュー
1 rue Guetal
38000 Grenoble
www.shopping-premiere avenue.com

ル ラヴァンドゥー LE LAVANDOU

Pour Être Beau, Essayez le Bonheur
プール エートル ボー エッセイエ ル ボヌール
8 avenue du Général-de-Gaulle
83980 Le Lavandou

リール LILLE

Soleil d'Or ソレイユ ドール
4 rue de l'Esquermoise
59000 Lille
www.parfumeridusoleildor.net

Ombres Portées オンブル ポルテ
24 rue Masurel
59000 Lille
www.ombresportees.fr

リモージュ LIMOGES

L'Autre Parfum ロートル パルファン
Murielle Desset
8 rue Darnet
87000 Limoges
www.lautreparfum.com

ロリアン LORIENT

Les Parfums Rares レパルファンラール
16 rue des Fontaines

56100 Lorient
www.lesparfumsrares.com

リヨン LYON

La Mûre Favorite ラ ミュール ファヴォリット
19 cours Franklin-Roosevelt
69006 Lyon
www.lamurefavorite.com

モンペリエ MONTPELLIER

Qu'importe Le Flacon カンポルト ル フラコン
8 rue du Petit-Saint-Jean
34000 Montpellier

ナンシー NANCY

L'Art du Parfum ラール デュ パルファン
40 passage des Dominicains
54000 Nancy

ナント NANTES

Passage 31 パサージュ 31
13 passage Pommeray
44000 Nantes

ニース NICE

Tanagra Parfumerie タナグラ パルフュムリ
5 bis rue Alphonse Karr
06000 Nice
www.tanagra-nice.com

パリ PARIS

Printemps Paris, La Belle Parfumerie プランタン パリ ラ ベル パルフュムリ
64 boulevard Haussmann
75009 Paris
www.printemps.com

Colette コレット
213 rue Saint-Honoré
75001 Paris
www.colette.fr

Jovoy ジョヴォワ
4 rue de Castiglione
75001 Paris
www.jovoyparis.com

Le Bon Marché ル ボン マルシェ
24 rue de Sèvres
75007 Paris
www.lebonmarche.com

Liquides リキッド
9 rue de Normandie
75003 Paris
www.liquidesparis.com

Marie Antoinette マリー アントワネット
5 rue d'Ormesson
75004 Paris
www.marieantoinetteparis.fr

Nose ノーズ
20 rue Bachaumont
75002 Paris
www.nose.fr

Sens Unique サンス ユニック
13 rue du Roi-de-Sicile
75004 PARIS
www.sensuniqueparis.com

ポルト＝ヴェッキオ PORTO-VECCHIO

Ombres Portées オンブル ポルテ
10 rue Jean-Jaurès
20137 Porto-Vecchio
www.ombresportees.fr

レンヌ RENNES

La Maison du Parfum ラ メゾン デュ パルファン
2 rue Leperdit
35000 Rennes
www.lamaisonduparfum.fr

Confidences Parfumées コンフィダンス パルフュメ
8 rue du Vau-Saint-Germain
35000 Rennes
www.confidences-parfumees.com

ストラスブール STRASBOURG

Ombres Portées オンブル ポルテ
7 rue du sanglier
67000 Strasbourg
www.ombresportees.fr

トゥールーズ TOULOUSE

Santa Rosa サンタ ローザ
11 rue Antonin-Mercié
31000 Toulouse

L'Autre Parfum ロートル パルファン
1 place Roger-Salengro
31000 Toulouse
www.lautreparfum.com

世界の注目すべき専門店

世界中の香水の殿堂にはユニークな販売店や販売経路、ブログに展示会もある。フレグランス ファンのための選りすぐり。

オーストラリア　メルボルン

Peony Melbourne ピオニー メルボルン
107 Auburn Road
Hawthorn Victoria 3122
www.peonymelbourne.com.au

ベルギー　ブリュッセル

Senteurs d'Ailleurs サンチュール ダイユール
Place Stéphanie 1A
1050 Bruxelles
www.senteursdailleurs.com

香港　九龍

Joyce Beauty ジョイス ビューティ
G106 Gateway Arcade
Harbour City Kowloon
www.joyce.com

イギリス　ロンドン

Liberty リバティ
Regent Street
London W1B 5AH
www.liberty.co.uk

ドイツ　ミュンヘン

Parfumerie Brueckner パフュームリ ブルックナー
Weinstrasse / Marienplatz 8
80331 Munich
www.parfuemerie-brueckner.com

イタリア　トリノ

Olfattorio オルファットリオ
Piazza Bodoni 4F
10123 Turin
www.olfattorio.it

オランダ　アムステルダム

Skins Cosmetics スキンス コスメティクス
Runstraat 11
1016 GJ Amsterdam
www.skins.nl

ポルトガル　リスボン

Skinlife スキンライフ
Rue Paiva de Andrade 4
1200-310- Lisbonne - Chiado
www.skinlife.pt

ロシア　モスクワ

Cosmotheca コスモテカ
4-th Syromyatnicheskiy lane
1/8 bdg 6
105120 Moscou
www.cosmotheca.com

スペイン　バルセロナ

JC Apotecary アポテカリー
Major de Sarria 96
08017 Barcelone
www.jcapotecari.com

スイス　ジェノバ

Theodora テオドラ
Grand-Rue 38
1204 Genève
www.parfumerietheodora.ch

アメリカ　ニューヨーク

Aedes de Venustas アエデス デ ヴェヌスタス
9 Christopher Street
New York NY 10014
www.aedes.com

フレグランスフェア（展示会）

▶ミラノ
Esxence エクサンス
www.esxence.com

▶フィレンツェ
Pitti Fragranze ピッティ フレグランツェ
www.pittimmagine.com

▶ニューヨーク、ドバイ
Elements Showcase エレメンツ ショーケース
www.elements-showcase.com

ブログと嗅覚についてのフォーラム

毎日いつでも新しい香りの発見があるグローバルなフォーラム

Au Parfum	Flair Flair	Paroles d'odeur
Basenotes	Fragrantica	Parfums
Bergamotto e benzoino	Grain de Musc	Tendances et Inspirations
Blue Gardenia	Le Musc et la Plume	Perfume Da Rosa Negra
Bois de Jasmin	Mon bazar unlimited	Perfume Posse
Chroniques Olfactives	Musque-Moi!	Perfume Shrine
Chypre Rouge	My Blue Hour	Perfume-Smellin'Things
Civette au bois dormant	Now Smell This	Poivrebleu
Coumarine et Petitgrain	Olfactorialist	Scentedsalamander
Dr Jicky & Mister Phoebus	Olfactorum	Sniffapalooza
Esprit de Parfum	Osmoz	The Rebel Gardener

香りの言葉、お薦めの本

Fragrances of the World 2015 31st edition,
 Michael Edwards
 www.fragrancesoftheworld.com

The Perfume Lover, A Personal History of Scent
 Denyse Beaulieu, Hamper Collins Publishers, 2013

Journal d'un parfumeur：仏語版
 Jean-Claude Ellena, Sabine Wespieser, 2011

The Diary of a Nose: A Year in the Life of a Parfumeur：
 英語版　Jean-Claude Ellena, Rizzoli, 2013
 日本語版：ジャン＝クロード・エレナ　調香師日記、
 原書房、*2011*

Perfumes: The Guide
 Luca Turin et Tania Sanchez, Ed. Viking-Penguin Group, 2008
 日本語版：「匂いの帝王」が五つ星で評価する 世界香水ガイド☆1437、原書房、2008

Les Parfumes: histoire, anthologie, dictionnaire
 Elisabeth de Feydeau, Robert Laffont, 2011

Scent
 Annick Le Guerer, Trafalgar Square, 1992
 日本語版：匂いの魔力―香りと臭いの文化誌、工作舎、2000

著者の出版物

La Cuisine des Nez
 Sabine Chabbert & Olivier Roellinger, Ed. Terrebleue, Oct. 2010（仏語版のみ）

過去の香水
ランヴァン「アルページュ」(1927)、ロシャス「ファム」(1944)、バレンシアガ「ディス」(1947)。再発見の価値ある宝物。

The Osmothèque オスモテック
世界で唯一の香水資料保管庫

　レア パフュームをテーマとした本書の執筆は、世界初の香水の資料保管庫、オスモテックによって委託された。パトゥで33年にわたって調香師を務めたジャン・ケルレオの先導と、同じ情熱をもった調香師らの支援によってこの施設ができ、1990年4月26日に開館した。設立主旨は、香水を保存すること、「繊細で貴重な創造物を、時の流れによる劣化、損失、絶滅から守る」こと、そして現在は失われた香水と処方箋を再発見し、生きた記憶を作り出すことによって、フランスと世界の香水業の進化を体現する"香りの遺産"を構築することである。

　設立当初、オスモテックには現在はもう存在しない香水70種類を含む400種類の調香の処方箋が収集されていた。現在、コレクションは3000種類にまで膨らみ、そのうち400種類の香水はすでに販売されていないものの、制作当初の調香の処方箋に基づいた再現に成功している。これらの調香の処方は各ブランドの財産としてオスモテックに寄託され、銀行の金庫室に保管されており、たった一人の受託者であるジャン・ケルレオのみがアクセスを許可されている。この比類なき豊かな財産によって、世界の香水遺産を保護していくことが可能になった。商業ルートから消えてしまった香りをもう一度味わいたいと切望する香水ファンも、ヴェルサイユにあるこのユニークな施設に足を運べば願いがかなうチャンスがある。「ル パルファン ロワイヤル（王の香水）」（1世紀ローマ時代の香水）、「ロー ドゥ ラ レーヌ ドゥ オングリ（ハンガリー王女の水）」(14世紀)、1910年に「レ パルファン ドゥ ロジーヌ」というブランドで初めてクチュリエが香水

秘密の引き出し
展示用の小瓶に入った3000種類の香水は、革製のケースに並べられて冷蔵戸棚に大切に保管され、オスモテックで香水を愛する人々に見いだされるのを待っている。

をつくったポール・ポワレの「アルルキナード」「ピエロ」「ニュイ ドゥ シン」「ル フリュイ デファンドゥ」など。国際的な香水業界の行方を決定づけたフランソワ・コティの作品「ラ ローズ ジャックミノー」1904年、「アンブル アンティーク」「ロリガン」1905年、「ル シープル」1917年、「エメロード」1921年、ウビガンの香水「フジェール ロワイヤル」1884年、「ル パルファン イデアル」1900年、「ケルク フルール」1912年などの香りを、来館者は実際に体験することができる。香水はすべて日光の当たらない場所で常に摂氏12度に保たれ、アルゴンガスを満たした容器に入れた品質保存に最適な環境で保管される。そして香りの学芸員である"オズモキュレーター"らが、自分たちの感覚をたよりに、品質が損なわれていないかどうか定期的に評価する。

オスモテックの活動を広め、原料の入手、香水コレクションの拡大、円滑な運営に必要な器具の購入のための資金を援助する目的で、非営利団体「オスモテック友の会（SAO）」が2000年に設立された。ジャン・ドゥ・ムウイが会長を務めるSAOは講座や視察を定期的に開催し、「レ ヌーベル ドゥ ロズモテーク（オスモテック ニュース）」を年に数回発行するほか、アニック・ルゲレ著『もし香水が話したなら…』や本書のような書籍を出版している。2008年3月、ジャン・ケルレオに替わってパトリシア・ド・ニコライがオスモテックの代表となった。2010年10月、オスモテックは、The US Academy of Perfumery & Aromatics®（全米香水 アロマティクス アカデミー、ACADEPA）と、ニューヨークで香水ファンと入門者向けに香りの遺産に関する講義を行う協定を結んだ。

www.osmotheque.fr
36 rue parc de Clagny 78000 Versailles France
Tel: +33 (0) 139554699   osmotheque@wanadoo.fr
Osmothèque New York：www.academyofperfumery.com

協賛企業、団体

Nicolaï Parfumeur-Créateur ニコライ パルフュムール・クレアトゥール

1989年にパトリシア・ド・ニコライと夫のジャン=ルイ・ミショーが設立したニコライ パルフュムール・クレアトゥールは、"フランス式ラグジュアリー"の伝統に沿って香水を創造している。

1988年のフランス調香師協会（SFP）国際パフューマー クリエイター賞を受賞したパトリシア・ド・ニコライは、現代の香水のなかでも最も種類の豊かなコレクションを生み出している調香師である。独自のスタイルと、間違いなくニコライだとわかる残り香をもち、その香水にはいつも物語がある。作品をいくつか挙げると、「ニューヨーク」「ナンバーワン アンタンス」「パチュリ アンタンス」そしてルームフレグランスの「マハラジャ」などがある。

8カ所の直営店と世界中の400店舗以上の販売店で販売され、誰もがうらやむ取扱店の多さと、選ばれた場所への展示をうまく組み合わせている。

69 avenue Raymond-Poincaré 75116 Paris France www.pnicolai.com

Les Parfumables レパルフュマーブル

1993年に設立され4つの特許をもつレ パルフュマーブルは、調香師が調合した香りを存分にとらえることのできるテスター、サンプル、陶磁器のギフトなどユニークで幅広い製品を提供している。研究において存在感を示し、高級香水とホスピタリティ市場をけん引する同社は今、消費者が事前に香りを試して記憶しておき、購入するかどうか決定することができる「新しい嗅覚の体験」というコンセプトを提案している。

3e Degré.SA Les Parfumables 117 rue de Nexon 87000 Limoges France
www.lesparfumable

Metapack メタパック

メタパックは15年にわたって、ラグジュアリーな香水や化粧品の金属パッケージをデザインしてきた。必要に応じて他の素材と組み合わせることもある。

多様な専門性を組み合わせる手法により、価値の高い、独創的で香水を象徴するような作品を作り出してきた。また同社は工業面での力強い協力を得て、ザマック合金、ステンレス、アルミ、スチール、そしてプラスチックやレザーの職人技を磨いてきた。

その技術的なノウハウ、レスポンスの速さ、柔軟性により、メタパックは移り変わりの早い高級香水市場において精力的に活躍している。

31 rue la Boétie 75008 Paris France www.metapack.fr

Interparfums インターパルファム

1982年にフィリップ・ベナサンとジャン・マダーによって設立されたインターパルファムは、バルマ

interparfums

ン、ブシュロン、ジミー チュウ、カール ラガーフェルド、ランヴァン、モンブラン、レペット、ヴァン・クリーフ＆アーペルなどの有名ブランドのフレグランス商品と化粧品を製造、販売している。

同社は香料の開発、ボトル、パッケージング、プロモーションツールや広報メディアの選択など、香水の製造から販売までの行程をコーディネートし、事業サイクル全体の舵をとっている。

インターパルファムは選ばれた流通経路を通して、全世界100ヵ国20,000店舗以上の販売店に幅広い製品を卸している。2012年の売上高は4億4500万ユーロで、その90％以上がフランス国内の売上である。1995年よりユーロネクスト パリに上場している。

4 rond-point des Champs-Élysées 75008 Paris - France - www.interparfums.fr

Fragrance Foundation France フランス フレグランス財団

フレグランス業界の創造性とノウハウを育むために設立された。香水ブランド、調香会社、デザイナー、パッケージ用品、販売、トレーニングの企業など42団体の会員が所属する非営利団体。

26 rue de l'Étoile 75017 Paris - France - www.fragrancefoundation.fr

Robert Piguet ロベール ピゲ

ロベール・ピゲが遺したものは、今や伝説となっている。クリスチャン・ディオール、ユベール・ドゥ・ジバンシィ、ピエール・バルマンら若きデザイナーの師であったというだけではなく、20世紀半ばに彼が創造したスキャンダラスともいえる香水は業界を根幹から変えてしまった。現代の調香師らはその奥深さを必死に真似ようとしている。ピゲ ブランドはデザイナー、ロベール・ピゲの才能を基盤に今日まで続き、その独創的で巧みな香りは彼の理想を忠実に伝えている。

16 East 40th st. Suite 300 New York, NY 10016 - USA -www.robertpiguetparfums.com

Rare Perfumes

Copyright © Editions Terre Bleue - Paris
www.terrebleue.fr

Text — Sabine Chabbert and Laurence Férat   Translation — Charles Penwarden and John Tyler Tuttle
Translation Supervision — Jeanne Cheynel   Art Direction — Orianne Mazeaud
Production — Luc Martin   Colour Editing — Isis

Printed in Italy   © 2013 Terre Bleue & L'Osmothèque

ISBN 978-2-909953-18-2 - Copyright registration: Janvier 2014 - All rights reserved for all countries

Japanese translation rights arranges with Editions Terre Bleue
through Japan UNI Agency, Inc.

訳者あとがき

　過去の記憶をたどるとき、そこにはさまざまなにおいがある。わたしにも忘れられないにおいがある。たとえば初めて訪れたヨーロッパの空港の、乾いた空気のなかに漂っていた石鹸のにおいは、初めて一人で見知らぬ国に来たというワクワクした気持ちや緊張感とともに今も鮮明に思い出す。日常生活のなかにも場所、食べ物、季節、人にまつわるにおいなど、においの記憶は無数にある。形に残らずすぐに消えてしまうはかない存在でありながら、においは人の記憶に深く刻まれ、視覚や味覚などのあらゆる感覚、そして感情とも密接に結びついている。

　けれども、そんな記憶のなかのにおいが"香水"として再現されるなどと、皆さんは想像したことがおありだろうか。訳者であるわたし自身は、香水といえば基本的に心地よく上品な香りで、ファッションのように身につける人の好みやTPOで選ぶ"プロダクト"だという認識しかなかった。しかし本書を読み、現代の香水が表現するテーマは単純な心地よさに縛られず自由であること、そして人を飾るだけではなく感情をも揺さぶる一種の芸術であることを知り、すっかり魅了された。

　本書は2014年に刊行されたRare Perfumes（仏語版はParfums Rares）の邦訳である。レア（希少）な香水とは、希少価値の高い素材や特殊な製法で作られ、市場に出回る数が少ないというだけではなく、調香師のユニークな発想から生まれた個性豊かな香水を意味する。

　著者の一人、サビーヌ・シャベールは香水業界を専門とするジャーナリストで、著書に『調香師の料理　La Cuisine des Nez』（2012年、未邦訳）がある。2012年からはフランス・フレグランス財団の代表理事も務めている。もう一人の著者、ローランス・フェラも美容・香水業界を専門とするジャーナリストで、フィガロ紙、マダム・フィガロ誌などに寄稿している。

　この2人に本書の執筆を託したのは、フランスのヴェルサイユに存在する香水アーカイブ「オスモテック」。現在入手可能な香水のコレクションはもちろんのこと、すでに市場から消えてしまった香水さえも調香の記録を頼りに再現するという、世界でも類を見ない施設である。そんなアーカイブの資料を十二分に活用して執筆された本書は、読者を魅惑的な香水の世界へと誘うガイドブックである。

　ページをめくると、まず300点にのぼる芸術品のような香水瓶や内装に工夫を凝らした店舗の写真、さらにその香水を生み出した調香師の写真が目に飛び込んでくる。本書の特徴は、香水を調香師という芸術家による作品と位置づけ、作者の個性にスポットをあてている点にある。

　それはまさに、香りを通じて新しい芸術表現を模索したクリエーターたちの物語である。彼らが世界中で出会った人、風景、音楽、光、においの記憶。幼いころに親の仕事場で、キッチンで、自然のなかで初めて香りの世界に魅了された原体験。香りとともに刻まれた家族の歴史……。調香師自身の物語だけではない。各ブランドを象徴する伝説的なデザイナーに敬意を表し、その人生の物語を、後継者である調香師たちがまた香りで表現する。文学作品や歴史上の逸話・伝説も豊かな発想の源となっている。

　朝霧の立ち込める湖、一日の終わりのコピー機……そんなものが本当に香水になるのだろうかという題材も多々登場する。訳しながら、百貨店（デパート）の香水売場に足を運んで確かめることもあった。実際に嗅ぐと、言葉のイメージが見事に体現されていると驚き、また別の何かに想像が広がっていく。香水は五感を総動員し、そこに込められた物語を知り、自分自身のにおいの記憶もたぐりよせることによって、より深く味わうことができる。そんな香水の楽しみ方を本書に教えてもらった。読者の皆さんにとっても、本書が香水の世界を巡る素敵な旅への入り口となることを願っている。

　最後に、翻訳に際して多くのご助言をいただいた監修の島崎直樹さん、原書房の永易三和さん、そして翻訳会社リベルの皆さんに心からお礼を申し上げたい。

2015年7月
加藤　晶

監修者あとがき

　香水の殿堂、オスモテックの創始者のジャン・ケルレオ氏がまだ現役でジャン・パトゥの主任調香師であった頃、彼を団長とするフランス調香師協会主催のブルガリアのバラを目と鼻で鑑賞する旅行に参加してもう20年以上になる。

　二週間の旅行中に私が知ったケルレオ氏は非常に温厚篤実な人柄で面倒見が良く、香りに真摯に向き合う素晴らしい人であった。調香師仲間からも信頼が厚く調香師の命ともいえる調香処方の管理をオスモテックで任されているたった一人であるというのもうなずける (P38 及び P148 参照)。

　この度、二代目オスモテック会長のパトリシア・ド・ニコライ氏が監修した本書『Rare Perfumes』の日本語版の監修にたずさわる事になったのも何かの縁であろう。

　香りを表現する言葉は世の東西を問わず非常に少なく、香調を説明するのに何時も苦労してきたが、本書は沢山の天然香料名を使い詳細に香調を形容し、美しい写真から芳香が感じられるようである。

　誰でも知っている有名ブランドや一度途絶えた老舗香水メーカーの復刻品、また新しい視点から創作された香水など、本邦未輸入品も網羅しており、専門家はもちろん香水コレクターや一般の香水愛好家にも必携の書となっている。

　情熱を持ち適切な日本語訳をしてくださった加藤晶さん、労をいとわず監修者と出版社の橋渡しをしてくださり、貴重な最新マーケット情報をご提供いただいたフレグランスアドバイザーのMAHO（山田麻穂）さん、遅れがちな作業を気長に待って下さった原書房の永易三和さんに感謝をささげたい。

　日本のフレグランス市場がもっと活発になることを願いながら、

2015年9月14日
初秋の軽井沢にて
調香師　島崎直樹

謝 辞

レア パフューについての書籍の構想を与え、執筆意欲をかき立ててくださったオスモテック、貴重な時間をさいて香水の世界への情熱を語ってくださった方々、調香師、香水制作ディレクター、仕事を愛し香水の世界に敬意を払っている企業家、その他に出会った方々、そしてお会いできなかったものの私たちを信頼してくださった方々、本書に賛同してくださったすべての方、協賛企業・団体の皆さまにお礼申し上げます。こうした方々がいなければ、本書はまだ計画途中だったことでしょう。この仕事を信頼し、香りのある分野すべてに興味を抱いているに違いない編集の Terre Blue チーム（2010 年に *La Cuisine des Nez* "調香師の料理" を出版）にも感謝します。そしてティエリーとイーヴリン、いつも我慢強く、そして安心感を与えてくれてありがとう。

日本語版の編集に際し、記載の確認や校正、最新の情報をご提供くださいました各ブランドご担当の皆さまに、深く御礼申し上げます。　　　　　　　　　　〈編集〉

特別協力　フレグランスアドバイザー　MAHO（山田 麻穂）

写真クレジット

p16-19 © Annick Goutal • p 20-23 © L'Artisan Parfumeur • p 24-27 © Comme des Garçons • p 28-29 © Creed • p 30-33 © diptyque • p34-35 © Maître Parfumeur et Gantier • p36-39 © Nicolaï • p 40-43 © Serge Lutens • p 46-47 © Atelier Cologne • p 48-51 © Éditions de Parfums Frédéric Malle • p 52-53 © État Libre d'Orange • p 54-55 © Kilian • p 56-57 © Le Labo • p 58-59 © Maison Martin Margiela • p 60-61 © Mark Buxton • p 62-63 © Memo • p 64-65 © Olfactive Studio • p 66-67 © Parfumerie Générale • p 68-69 © Parfum d'Empire • p 70-71 © The Different Company • p 74-75 © Bond N°9 • p 76-77 © Floris • p 78-79 © Humiecki & Graef • p 80-81 © Les Nez • p 82-83 © Penhaligon's • p 84-85 © Santa Maria Novella • p 86 © Profumum Roma • p 87 © Lorenzo Villoresi • p 87-88 © Carthusia • p 88-89 © Etro • p 89 © Costume National • p 92-93 © Armani Privé • p 94-95 © Caron • p 96-97 © Cartier • p 98-99 © Chanel • p 99 (à droite) © Chanel / photo Didier Roy • p 100-101 © Christian Dior • p 102-103 © Fragonard • p 104-105 © Guerlain • p 106-107 © Hermès • p 108-109 © Jean Patou • p 110-111 © Parfums d'Orsay • p 112-113 © Robert Piguet • p 114-115 © Prada • p 116-117 © Tom Ford • p 118-119 © Van Cleef & Arpels • p 122 © Le Bon Marché • p 122 © Colonia • p 123 © Miller Harris • p 123 © Memo • p 124 © Colette • p 124 © Eau d'Italie • p 125 © Escentric Molecules • p 125 © Eau de Couvent • p 126 © Différentes Latitudes • p 127 © Miller Harris • p 127 © Frapin • p 128 © Odin • p 128 © Byredo • p 129 © Liquides Imaginaires • p 130-131 et 133 © Jovoy • p 132 © Neela Vermeire • p 134 et 135 © Le Printemps • p 134 © Jean-Charles Brosseau • p 136 © Eight and Bob • p 136 © Francis Kurkdjian • p 137 © Terry de Gunzburg • p 138 © Marie Antoinette • p 138 © Lubin • p 139 © Vero Profumo • p 139 © Oriza L. Legrand • p140 © Nose • p 141 © Juliette Has a Gun • p 141 © Tola • p 141 © Lorenzo Villoresi • p 142-143 © L'Osmothèque

著　者

サビーヌ・シャベール　Sabine Chabbert

　香水業界のジャーナリスト、コンサルタント、フランスフレグランス財団代表理事。パリ第四大学（ソルボンヌ）考古学美術史学修士課程修了。1980 年以来、ジャーナリストとして活動（美容・香水の広報とマーケティング）、2005 〜 2007 年までヴァージョンフェミニンのコスメ部長を務めた。2010 年、25 名の調香師による料理レシピと香水の書『La Cuisine des Nez』を執筆。フリージャーナリストのかたわら、定期的に香水会社やブランドや販売業者へのコンサルティングも行う。2012 年からはフランスフレグランス財団代表理事として、香水製造や品質向上に協力。2011 年からモンペリエ大学香水化粧品アロマコースで教鞭をとり、香水の歴史、マーケティング、ブランド間の交流や技術革新などについて指導している。1991 年以来、コスメティック エグゼクティブ ウーマン フランスの会員。

ローランス・フェラ　Laurence Férat

　フリージャーナリスト。10 年以上にわたり、香水と美容分野を専門に Version Fémina 誌、Glamour 誌、Figaro Quotidien 紙、Cosmétic Mag 誌などに寄稿。生粋のパリジェンヌで、フランスに作家型香水上陸した作家型香水を肌で感じてきた。リュクサンブール公園近くの彼女が出身大学には、ラルチザン パフュームのミュールエムスク、アニック グタールのオーダドリアンなど代表的な香水の芳香が漂っていたからだ。

　世界の香水の推移の把握につとめ、香水業界をより深く知るために複数の組織に参加し、フランス調香師協会（SFP）の執行委員も務めている。現代的な香水会社が発表する香水瓶に象徴的にみられるアール ヌーボーの流れにも強い関心を抱いている。

監　修

島崎　直樹　Naoki Simazaki

　学習院大学卒業後、オランダ Naareden 社及び南仏グラースの Charabot 社にて 4 年間の調香師研修を受ける。ドイツ Henkel 社に調香師として 6 年間勤務。10 年間の欧州滞在後帰国。調香師として活躍中。

　フランス調香師協会会員、イギリス調香師協会会員。

〈その他の活動〉
- 銀座アートスペースにて「麗しき薔薇」香り＋写真展
- 青山スパイラルホールにて「迸るフェロモン」香り展（日本経済新聞社賞受賞）
- パリオートモビルクラブにて「マダガスカルの香料植物」写真展（フランス調香師協会協賛）
- イギリス調香師協会主催フォトコンテスト「モロツコのバラ」最優秀賞受賞
- 共同通信社配信フォトエッセイ「香りの旅人」25 回連載

翻　訳

加藤　晶　Ruri Kato

1972 年、東京都生まれ。上智大学文学部社会学科卒業。英国ウォーリック大学ヨーロッパ文化政策修士課程修了。

訳書に『エーリヒ・クライバー 信念の指揮者、その生涯』（アルファベータ、共訳）がある。

フォトグラフィー

レア パフューム

21世紀の香水
せいき　こうすい

●

2015年10月20日　第1刷

著者　　サビーヌ・シャベール

　　　　ローランス・フェラ

監修　　島崎　直樹
　　　　しまざき　なおき

訳者　　加藤　晶
　　　　かとう　るり

装丁　　川島　進（スタジオ ギブ）

発行者　成瀬　雅人

発行所　株式会社　原書房

〒160-0022 東京都新宿区新宿1-25-13
電話・代表　03-3354-0685
http://www.harashobo.co.jp　振替　00150-6-151594
印刷・製本　中央精版印刷株式会社
©Ruri Kato , Naoki Shimazaki 2015
ISBN 978-4-562-05255-4　Printed in Japan